孝經注

〔舊題〕 〔西漢〕孔安國 傳
〔舊題〕 〔東漢〕鄭 玄 注
〔唐〕李隆基 注

陸 一 整理

商務印書館
The Commercial Press

商務印書館（上海）有限公司　出品
The Commercial Press（Shanghai）Co.Ltd

十三經漢魏古注叢書

總主編：朱傑人

執行主編：徐　淵　但　誠

叢　書　序

　　儒學的發生和發展，是與儒家經典的確認與被詮釋、被解讀相始終的。東漢和帝永元十四年（公元 102 年），司空徐防"以《五經》久遠，聖意難明，宜爲章句，以悟後學。上疏曰：'臣聞《詩》《書》《禮》《樂》，定自孔子，發明章句，始於子夏。其後諸家分析，各有異説。漢承亂秦，經典廢絶，本文略存，或無章句。收拾缺遺，建立明經，博徵儒術，開置太學。'"（〔南朝宋〕范曄撰，〔唐〕李賢等注：《後漢書》卷四十四《徐防傳》，北京：中華書局，1965 年，第 1500 頁）於今而言，永元離孔聖時代未遠（孔子逝於公元前 479 年，至永元十四年，凡 581 年），然徐防已然謂"《五經》久遠，聖意難明"，而強調"章句"之學的重要性。所謂"章句"，即是對經典的訓釋。從徐防的奏疏看，東漢人既認同子夏是對儒家經典進行訓釋的"發明"者，也承認秦亂以後儒家的經典只有本文流傳了下來，而"章句"已經失傳。

　　西漢武帝即位不久，董仲舒上《天人三策》，確立了儒學作爲國家的主流意識形態。自此，對儒家經典的研究與注釋出現了百花齊放的局面，章句之學成爲一時之顯學。漢人講經，重師法和家法。皮錫瑞曰："前漢重師法，後漢重家法。先有師法，而後能成一家之言。師法者，溯其源；家法者，衍其流也。"（〔清〕皮錫瑞著，周予同注釋：《經學歷史》，北京：中華書局，2008 年，第 136 頁）既溯其源，則兩漢經學，幾乎一出於子夏。即其"流"，大抵也流出不遠。漢章帝建初四年（公元 79 年），詔群儒會講白虎觀論《五經》異同，詔曰："蓋三代導人，教學爲本。漢承暴秦，褒顯儒術，建立《五經》，爲置博士。其後學者精進，雖曰承師，亦別名家。孝宣皇帝以爲去聖久遠，學不厭博，故遂立大、小夏侯《尚書》，後又立《京氏易》。至建武中，復置顏氏、嚴氏《春秋》，大、小戴《禮》博士。此皆所以扶進微學，尊廣道藝也。"（〔南朝宋〕范曄撰，〔唐〕李賢等注：《後漢書》卷三《肅宗孝章帝紀》，第 137—138 頁）漢章帝的詔書肯定了師法與家法在傳承儒家經典過程中不可或缺的作用，並認爲收羅和整理瀕臨失傳的師法、家法之遺存，可以"扶進微學，尊廣道藝"。

　　嚴正先生認爲兩漢經學家們"注重師法和家法是爲了證明自己學說的權威性，他們可以列出從孔子以至漢初經師的傳承譜系，這就表明自己的學說確實是孔子真傳"（姜廣輝主編：《中國經學思想史》第二卷，北京：中國社會科學出版社，2003 年，第 14 頁）。這種風氣，客觀上爲兩漢時代經學的發展提供了一個可控而不至失範的學術環境，有利於經學的傳播和發展（當然，家法、師法的流弊是束縛了經學獲得新的生命力，那是問題的另一個方面）。漢代的這種學風，一直影響到魏、晉、唐。孔穎達奉旨修《五經正義》，馬嘉運"以穎達所撰《正義》頗多繁雜，每掎摭之，諸儒亦稱爲允當"（〔後晉〕劉昫等撰：《舊唐書》卷七十三《馬嘉運傳》，北京：中華書局，1975 年，第 2603 頁）。所謂"頗多繁雜"，實即不謹師法。史載，孔穎達的《五經正義》編定以後，因受到馬嘉運等的批評並未立即頒行，而是"詔更令詳定"

2

（〔後晉〕劉昫等撰：《舊唐書》卷七十三《馬嘉運傳》，第 2603頁）。直至高宗永徽四年（公元653年），才正式詔頒於天下，令每歲明經科以此考試。此時離孔穎達去世已五年之久。此可見初唐朝野對儒家經典訓釋的慎重和謹嚴。這種謹慎態度的背後，顯然是受到自漢以來經典解釋傳統的影響。

正因爲漢、魏至唐，儒家學者們對自己學術傳統的堅守和捍衛，給我們留下了一份彌足珍貴的遺産，那就是一系列關於儒家經典的訓釋。我們今天依然可以見到的如：《周易》王弼注，《詩經》毛亨傳、鄭玄箋，《尚書》僞孔安國傳，三《禮》鄭玄注，《春秋左傳》杜預注，《春秋公羊傳》何休解詁，《春秋穀梁傳》范甯集解，《論語》何晏集解，《孟子》趙岐章句，《爾雅》郭璞注，《孝經》孔安國傳、鄭玄注等。這些書，我們姑且把它們稱作“古注”。

惠棟作《九經古義序》曰：“漢人通經有家法，故有《五經》師。訓詁之學，皆師所口授，其後乃著竹帛。所以漢經師之說立於學官，與經並行。《五經》出於屋壁，多古字古音，非經師不能辯，經之義存乎訓，識字審音乃知其義，是故古訓不可改也，經師不可廢也。”（〔清〕惠棟：《九經古義》述首，王雲五編：《叢書集成初編》254—255，上海：商務印書館，1937年，第1頁）惠氏之説，點出了不能廢“古注”的根本原因，可謂中肯。

對儒家經典的解讀，到了宋代發生一個巨大的變化：“訓詁之學”被冷落，“義理之學”代之而起。由此又導出漢學、宋學之別，與漢學、宋學之爭。

王應麟説：“自漢儒至於慶曆間，説經者守訓故而不鑿。《七經小傳》出而稍尚新奇矣。至《三經義》行，視漢

3

儒之學若土梗。"(〔宋〕王應麟著,〔清〕翁元圻輯注,孫通海點校:《困學紀聞注》卷八《經說》,北京:中華書局,2016 年,第 1192 頁)按,《七經小傳》劉敞撰,《三經義》即王安石《三經新義》。然則,王應麟認爲宋代經學風氣之變始於劉、王。清人批評宋學:"非獨科舉文字蹈空而已,說經之書,亦多空衍義理,横發議論,與漢、唐注疏全異。"(〔清〕皮錫瑞著,周予同注釋:《經學歷史》,第 274 頁)惠棟甚至引用其父惠士奇的話說:"宋人不好古而好臆說,故其解經皆燕相之說書也。"(〔清〕惠棟:《九曜齋筆記》卷二《本朝經學》,《聚學軒叢書》本)其實,宋學的這些弊端,宋代人自己就批評過。神宗熙寧二年(公元 1069 年)司馬光上《論風俗劄子》曰:"竊見近歲公卿大夫好爲高奇之論,喜誦老、莊之言,流及科場,亦相習尚。新進後生,未知臧否,口傳耳剽,翕然成風。至有讀《易》未識卦、爻,已謂《十翼》非孔子之言;讀《禮》未知篇數,已謂《周官》爲戰國之書;讀《詩》未盡《周南》《召南》,已謂毛、鄭爲章句之學。讀《春秋》未知十二公,已謂三《傳》可束之高閣。循守注疏者,謂之腐儒;穿鑿臆說者,謂之精義。"(〔宋〕司馬光撰,李文澤、霞紹暉校點:《司馬光集》卷四五,成都:四川大學出版社,2010 年,第 973—974 頁)可見,此種學風確爲當時的一種風氣。但清人的批評指向卻是宋代的理學,好像宋代的理學家們都是些憑空臆說之徒。這種批評成了理學躲不開的夢魘,也成了漢學、宋學天然的劃界標準。

遺憾的是,這其實是一種被誤導了的"常識"。

理學家並不拒斥訓詁之學,更不輕視漢魏古注。恰恰相反,理學家的義理之論正是建立在對古注的充分尊重與理解之上才得以成立，即使對古注持不同意見，也必以翔實的考據和慎密的論證爲依據。而這正是漢學之精髓所在。試以理學的經典《四書章句集注》爲例，其訓詁文字基本上採自漢唐古注。據中國臺灣學者陳逢源援引日本學者大槻信良的統計："《論語集注》援取漢宋諸儒注解有九百四十九條，採用當朝儒者説法有六百八十條；《孟子集注》援取漢宋諸儒注解一千零六十九條，採用當朝儒者説法也有二百五十五條。"（陳逢源：《朱熹與四書章句集注》，臺北：里仁書局，2006 年，第 195—196 頁）這一統計説明，朱子的注釋是"厚古"而"薄今"的。

　　朱子非常重視古注，推尊漢儒："古注有不可易處。"（〔宋〕黎靖德輯，鄭明等校點：《朱子語類》卷六十四，《朱子全書》〔第十六册〕，上海：上海古籍出版社，合肥：安徽教育出版社，2002 年，第 2130 頁）"諸儒説多不明，却是古注是。"（〔宋〕黎靖德輯，鄭明等校點：《朱子語類》卷六十四，《朱子全書》〔第十六册〕，第 2116 頁）"東漢諸儒煞好。……康成也可謂大儒。"（〔宋〕黎靖德輯，鄭明等校點：《朱子語類》卷八十七，《朱子全書》〔第十七册〕，第 2942 頁）甚至對漢人解經之家法，朱子亦予以肯定："其治經必專家法者，天下之理固不外於人之一心，然聖賢之言則有淵奧爾雅而不可以臆斷者，其制度、名物、行事本末又非今日之見聞所能及也，故治經者必因先儒已成之説而推之。借曰未必盡是，亦當究其所以得失之故，而後可以反求諸心而正其繆。此漢之諸儒所以專門名家，各守師説，而不敢輕有變焉者也……近年以來，習俗苟偷，學無宗主，治經者不復讀其經之本文與夫先儒之傳注，但取近時科舉中選之文諷誦摹仿，擇取經中可爲題目之句以意扭捏，妄作主張，明知不是經意，但取便於行文，不假恤也……主司不惟不知其繆，乃反以爲工而置之高等。習以成風，轉相祖述，慢侮聖言，日以益盛。名爲治經而實爲經學之賊，號爲作文而實爲文字之妖。不可坐視而不之正也。"(〔宋〕朱熹撰，徐德明、王鐵校點：《學校貢舉私議》，《晦庵先生朱文公文集》卷六十九，《朱子全書》〔第二十三冊〕，第 3360 頁)這段文字明白無誤地指出，漢人家法之不可無，治經必不可丟棄先儒已成之説。

這段文字還對當時治經者抛棄先儒成説而肆意臆説的學風提出了嚴厲的批評。認爲這不是治經，而是經學之賊。他對他的學生説："傳注，惟古注不作文，却好看。只隨經句分説，不離經意最好。疏亦然。今人解書，且圖要作文，又加辨説，百般生疑。故其文雖可讀，而經意殊遠。"(〔宋〕黎靖德輯，鄭明等校點：《朱子語類》卷十一，《朱子全書》〔第十四冊〕，第 351 頁)他認爲守注疏而後論道是正道："祖宗以來，學者但守注疏，其後便論道，如二蘇直是要論道，但注疏如何棄得？"(〔宋〕黎靖德輯，鄭明等校點：《朱子語類》卷一百二十九，《朱子全書》〔第十八冊〕，第 4028 頁)他提倡訓詁、經義不相離："漢儒可謂善説經者，不過只説訓詁，使人以此訓詁玩索經文，訓詁、經文不相離異，只做一道看了，直是意味深長也。"(〔宋〕朱熹撰，徐德明、王鐵校點：《答張敬夫》，《晦庵先生朱文公文集》卷三十一，第 1349 頁)

錢穆先生論朱子之辨《禹貢》，論其考據功夫之深，而有一歎曰："清儒窮經稽古，以《禹貢》專門名家者頗不乏人。惜乎漢宋門户牢不可破，先橫一偏私之見，未能直承朱子，進而益求其真是之所在，而仍不脱於遷就穿鑿，所謂巧愈甚而謬愈彰，此則大可遺憾也。"（錢穆：《朱子新學案》[第五册]，《錢賓四先生全集》，臺北：聯經出版事業公司，1998 年，第 341 頁）

20 世紀 20 年代，商務印書館曾經出過一套深受學界好評的叢書《四部叢刊》。《叢刊》以精選善本爲勝，贏得口碑。經部典籍則以漢魏之著，宋元之刊爲主，一時古籍之最，幾乎被一網打盡。但《四部叢刊》以表現古籍原貌爲宗旨，故呈現方式爲影印。它的好處是使藏之深閣的元明刻本走入了普通學者和讀者的家庭，故甫一問世，便廣受好評，直至今日它依然是研究中國學術文化的學者們不可或缺的基本圖書。但是，它的缺點是曲高和寡而價格不菲，不利於普及與流通。鑒於當下持續不斷的國學熱、傳統文化熱，人們研讀經典已從一般的閱讀向深層的需求發展，商務印書館決定啓動一項與時俱進的大工程：編輯一套經過整理的儒家經典古注本。選目以《四部叢刊》所收漢魏古注爲基礎，輔以其他宋元善本。爲了適應現代人的閱讀習慣，這套叢書改直排爲横排，但爲了保持古籍的原貌而用繁體字，並嚴格遵循古籍整理的規範，有句讀（點），用專名綫（標）。參與整理的，都是國内各高校和研究機構學有專長的中青年學者。

另外，本次整理還首次使用了剛剛開發成功的 Source Han（開源思源宋體）。這種字體也許可以使讀者們有一種更舒適的閱讀體驗。

朱傑人

二〇一九年二月

於海上桑榆匪晚齋

目　　錄

———————

目　錄

3

整理説明

　　《孝經》是一篇集中闡述與"孝"相關主題的文章，以對話爲基本體式，問答的雙方是孔子及其弟子曾參。《史記·仲尼弟子列傳》云："曾參……孔子以爲能通孝道，故授之業，作《孝經》。"《漢書·藝文志》云："《孝經》者，孔子爲曾子陳孝道也。"《孝經》符合春秋戰國時代孔子與七十子對話這一類文體的典型特征。孔子與七十子、孔門弟子與再傳弟子之間的對話，流傳至今的有《論語》《禮記》《孔子家語》《孔叢子》中的很多篇目，這些篇目中有一些是孔子與弟子問答的真實記録，另一些則是戰國儒生僞託孔子與弟子的對話而創作的篇章。無論是否確爲孔子及其弟子、再傳弟子的言論，它們都是經學文獻中所謂"記""傳"一類最具代表性的篇章，構成春秋戰國文獻非常重要的一個層次。

　　從《孝經》稱曾參爲"曾子"以及通篇條理分明的論述來看，它更接近於戰國時代僞託孔子及其弟子問答而寫成的這類文本，這類文本的代表有《禮記》中的《哀公問》《中庸》《禮運》《儒行》等著名篇目。雖然這類文本的内容不能説純粹是後人憑空創作出來的，但明顯經過了人爲地整理、修飾和添補，更多反映了戰國時代儒生的思想。《孝經》對於"孝"的系統論述，同樣也經過了類似的加工與再創作。

　　《吕氏春秋·察微》《孝行》兩篇都引述過《孝經》的内容，《察微》篇還提到了《孝經》之名，説明《孝經》的成書當在戰國晚期之前。從文獻流傳的角度來看，單篇文章單獨流傳，或者尚未形成固定篇目的數篇主題、性質相近的文章組合在一起流傳，是戰國時代文獻流佈的重要形式。漢代典籍中的不少篇目原先是單篇流傳的，近年出土的戰國竹書文獻很好地佐證了這類情況。郭店簡《緇衣》、上博簡《武王踐阼》都是單獨成篇的。到了漢代，經過戴德、戴聖的輯錄，大量與禮相關的篇目被輯入大、小戴《禮記》。這些篇目雖然性質差異很大，但自此之後便以《禮記》之名整體流傳。還有一些未編入《禮記》的戰國、漢代禮類文獻就逐漸亡佚了。《孝經》就其根本性質來說，也屬於《禮記》收錄的這一類述禮文獻。

“夫孝，天之經，地之義，民之行也。舉大者言，故曰《孝經》。”（《漢書·藝文志》小序）由於《孝經》所闡釋“孝”的義理與兩漢政治構建有著密切的關聯，其在漢初即得到漢廷的大力表彰。西漢時代，漢文帝設立《孝經》博士。漢宣帝曾師受《孝經》，並於地節三年（公元前 67 年）十一月下詔“其令郡國舉孝弟有行義聞於鄉里者各一人”（《漢書·宣帝紀》）。東漢時代，漢明帝曾爲“功臣子孫、四姓末屬別立校舍，搜選高能以受其業，自期門羽林之士，悉令通《孝經》章句，匈奴亦遣子入學”（《後漢書·儒林列傳》）。在這樣的政治思潮推動下，《孝經》保留了其在戰國時代單篇流傳的形式，成爲漢代儒家學者注釋研討的重要經典。

古文《孝經》孔安國《序》（後簡稱“孔《序》”）說：“及秦始皇焚書坑儒，《孝經》由是絕而不傳也。”說明《孝經》在秦代也屬於秦律絕禁的一類書籍。《隋書·經籍志》記載“遭秦焚書，爲河間人顏芝所藏。漢初，芝子貞出之，凡十八章"，孔《序》説"至漢興，建元之初，河間王得而獻之，凡十八章"。可見，西漢首出的《孝經》文本是河間獻王所得的《孝經》。《漢書·河間獻王傳》稱"獻王所得書皆古文先秦舊書，《周官》《尚書》《禮》《禮記》《孟子》《老子》之屬，皆經、傳、説、記，七十子之徒所論"。《孝經》没有被《河間獻王傳》提及，大概是由於也被歸爲《禮記》一類，即"七十子之徒所論"的範疇，由六國古文寫成。大概由於河間獻王王廷儒生在將古文轉錄爲隸書過程中的誤識誤讀，孔《序》説獻王所獻的《孝經》"文字多誤"。在當時人看來，這部《孝經》是一個錯誤較多的版本。孔《序》説"河間王所上雖多誤，然以先出之故，諸國往往有之"，並且"漢先帝發詔稱其辭者，皆言'《傳》曰'，其實今文《孝經》也"。由河間獻王所獻的首先改錄爲隸書的《孝經》，在西漢時代被稱爲"今文《孝經》"，在漢帝國内廣泛流傳。西漢皇帝所發詔書引河間獻王所獻《孝經》將之稱作《傳》，大概是因爲時人認爲《孝經》是"孔子爲曾子陳孝道"的問答，屬於經典中"傳記"這一層次的文本，因此引作"《傳》曰"。這與《河間獻王傳》説所獻文獻"皆經、傳、説、記，七十子之徒所論"，正可相互發明。《漢書·藝文志》載西漢初年，"長孫氏、博士江翁、少府后倉、諫大夫翼奉、安昌侯張禹傳之，各自名家，經文皆同"。長孫氏、江氏、后倉氏、翼氏、張氏等諸家所傳的，無疑都是得自於河間獻王的《孝經》隸寫本。

孔《序》云："後魯共王使人壞夫子講堂，於壁中石函得古文《孝經》二十二章。載在竹牒，其長尺有二寸，字科斗形。"《漢書·藝文志》云："……唯孔氏壁中古文爲異。'父母生之，續莫大焉'，'故親生之膝下'，諸家説不安處，古文字讀皆異。"《孝經》的另一傳本古文《孝經》最初得自於魯恭王所壞的夫子講堂，共二十二章，與今文《孝經》十八章分章不同。許慎《説文解字敘》（今本《説文解字》卷十五上）云："壁中書者，魯恭王壞孔子宅而得《禮記》《尚書》《春秋》《論語》《孝經》。"所舉《孝經》即指古文《孝經》。孔《序》記載："魯三老孔子惠抱詣京師，獻之天子。天子使金馬門待詔學士與博士群儒，從隸字寫之；還子惠一通，以一通賜所幸侍中霍光。光甚好之，言爲口實。時王公貴人，咸神祕焉，比於禁方。天下競欲求學，莫能得者。每使者至魯，輒以人事請索。或好事者，募以錢帛，用相問遺。魯吏有至帝都者，無不齎持以爲行路之資。"根據孔《序》的説法，古文《孝經》由漢廷金馬門待詔學士與博士群儒用隸書寫定，整理的質量比河間獻王所獻的今文《孝經》要好。漢武帝寵信霍光，因此獨賜霍光寫本一通。這一隸寫本在長安"王公貴人"中流傳，却秘不示人。天下學士對於古文《孝經》的欲求由此愈切，以至於造成"每使者至魯，輒以人事請索"或者"魯吏有至帝都者，無不齎持以爲行路之資"的奇觀。對於古文《孝經》一書難求情形的描寫，雖有孔《序》擡高古文《孝經》的嫌疑，但也從側面反映了時人由於古文《孝經》整理隸寫更佳，從而看重古文《孝經》的實況。許慎之子許沖《進〈説文解字〉表》（今本《説文解字》卷十五下）云："《古文孝經》者，孝昭帝時魯國三老所獻。"霍光爲侍中在漢武帝元狩（公元前 122 年至前 117年）中，武帝命公孫弘廣開獻書之路在此前的元朔五年（公元前 124 年），孔子惠獻書當在此後不久。許沖或將武帝誤作昭帝，説《古文孝經》乃孔子惠獻於昭帝之時。

雖然古文《孝經》的隸寫本比今文《孝經》更爲可靠，但是却改變不了"河間王所上雖多誤，然以先出之故，諸國往往有之"的局面。西漢時代，今文《孝經》远比古文《孝經》流行。孔氏爲了破除一部分學者"反云孔氏無古文《孝經》，欲曉時人"的謠言，"發憤精思，爲之訓傳，悉載本文，萬有餘言，朱以發經，墨以起傳，庶後學者，覩正誼之有在也"，用朱墨二色寫成古文《孝經》之《傳》（即孔安國《傳》），從而鞏固了古文《孝經》"今中祕書皆以魯三老所獻古文爲正"的地位。由此，魯國三老孔子惠所獻的古文《孝經》成了漢廷藏書的標準版本，而民間廣泛傳習的則是河間獻王所獻的今文《孝經》。

由西漢初期發現的兩個由戰國文字寫成的《孝經》文本，經過不同的整理寫定的路徑，奠定了後世今文《孝經》與古文《孝經》兩大系統。其後今、古文《孝經》分別流傳。漢代傳習《孝經》的學者衆多，《漢書·藝文志》臚列了十一家，共五十九篇。其中《孝經古孔氏》一篇即指孔安國所傳的古文《孝經》二十二章，列於《孝經》類之首。《孝經》一篇則指今文《孝經》十八章，有長孫氏、江翁、后倉、翼奉四家的傳本。《長孫氏說》二篇，《江氏說》《翼氏說》《后氏說》各一篇，爲四家對今文《孝經》的解說。《雜傳》四篇，當是西漢與《孝經》相關的四篇文獻，今已亡佚，源流不明。《安昌侯說》一篇爲安昌侯張禹對今文《孝經》的解說。其餘的《五經雜議》十八篇、《爾雅》三卷二十篇、《小爾雅》一篇、《古今字》一卷、《弟子職》一篇，都不是《孝經》一類的文獻。班固注《五經雜議》即《石渠論》，《爾雅》《小爾雅》是故訓的匯錄，《弟子職》是今傳《管子》中的一篇。這些被《漢書·藝文志》歸於《孝經》類目，不知依據所在。

《隋書·經籍志》篇序云："又有古文《孝經》，與古文《尚書》同出，而長孫有《閨門》一章，其餘經文大較相似，篇簡缺解，又有衍出三章，並前合爲二十二章，孔安國爲之《傳》。"此即孔傳《古文孝經》。此本至"劉向典校經籍，以顏本比古文，除其繁惑，以十八章爲定。鄭衆、馬融並爲之注"，就是說東漢古文諸家所注的古文《孝經》是經過劉向整理的十八章本，分章與孔安國傳《孝經》二十二章本不同。劉向整理本《孝經》與今文做過校勘，因此文字與孔傳《古文孝經》也有小異。後來鄭玄所注的《孝經》即是此劉向本。（不過《隋書·經籍志》對鄭氏注《孝經》頗有疑義，認爲此本"相傳或云鄭玄，其立義與玄所注餘書不同，故疑之"。）另外，許沖《進〈說文解字〉表》云："《古文孝經》……建武時，給事中議郎衛宏所校，皆口傳，官無其說。"說明劉向之後，《古文孝經》又經過衛宏的校勘。

朱彝尊《經義考》除了舉孔安國、長孫氏、江翁、后倉、翼奉、張禹六家之外，補東漢傳《孝經》者：何休、馬融、鄭玄、高誘、宋均五家。根據許沖《進〈說文解字〉表》，許慎《說文解字》引用的《孝經》皆古文《孝經》，許慎又曾學《孝經孔氏古文說》。許沖之說頗爲可信，所謂《孝經孔氏古文說》，當即孔傳《古文孝經》，這是古文《孝經》及孔《傳》在東漢時期仍然傳習有序的明證。《隋書·經籍志》所錄的《孝經》著作存十八部，計六十三卷。《舊唐書·經籍志》載《孝經》二十七家。《新唐書·藝文志》錄《孝經》類二十七家，三十六部，八十二卷。可見《孝經》在漢唐之間傳習廣泛，由此名家者衆多。另有畢沅《傳經表》、洪亮吉《通經表》、唐晏《兩漢三國學案》等表志，統計的時代更寬，所列注疏《孝經》學者更多。邢昺《孝經注疏序》云："自西漢及魏，歷晉、宋、齊、梁，注解之者，迨及百家。"

　　《隋書·經籍志》著錄《孝經》孔安國傳一卷、《孝經》鄭玄注一卷。《隋書·經籍志》記載南北朝時期孔傳《孝經》與鄭注《孝經》的流佈情況："梁代安國及鄭氏二家並立國學，而安國之本，亡於梁亂。陳及周、齊，唯傳鄭氏。至隋，祕書監王劭於京師訪得《孔傳》，送至河間劉炫。炫因序其得喪，述其議疏，講於人間，漸聞朝廷，後遂著令，與鄭氏並立。儒者諠諠，皆云炫自作之，非孔舊本，而祕府又先無其書。"以此觀之，早在隋代已有學者頗爲懷疑孔傳《古文孝經》的真僞，認爲孔傳非西漢孔安國所作，而是出自當時學者劉炫的僞作。經過日本學者林秀一《〈孝經述議〉復原研究》的研究，可以斷定今傳本《古文孝經孔傳》成書在劉炫《孝經述議》之前，今本《古文孝經》的孔《傳》即便不是西漢孔安國所傳的舊本，成書也不會晚於南梁時代。

　　邢昺《孝經注疏序》云："至有唐之初，雖備存秘府，而簡編多有殘缺，傳行者唯孔安國、鄭康成兩家之注，並有梁博士皇侃《義疏》，播於國序。"唐開元初年，玄宗鑒於秘府所藏的《孝經》諸家注本"辭多紕繆，理昧精研"，"乃詔群儒學官，俾其集議"。左庶子劉知幾主張行用古文，辨説鄭注《孝經》有"十謬七惑"；國子祭酒司馬貞斥責孔《傳》"鄙俚不經"，認爲是近儒妄作；其餘諸家《孝經》注解皆"榮華其言，妄生穿鑿"，因此不能抑孔揚鄭，要求"鄭注與孔傳，依舊俱行"。唐玄宗最終裁定"鄭仍舊行用，孔注傳習者稀，亦存繼絶之典"。《舊唐書·經籍志》《新唐書·藝文志》均錄有古文《孝經》孔安國傳一卷、《孝經》鄭玄注一卷。

唐代爲《孝經》作注疏者衆多，有賈公彦、魏克己、任希古、元行沖、尹知章、孔穎達、王元感、李嗣貞、平貞眘、徐浩廣等諸家見於書志。其中以唐玄宗注流佈最廣，對後世影響力最大。唐玄宗曾前後兩次親自注解《孝經》。第一次在開元七年至開元十年（公元719年至722年）間，玄宗"於先儒注中，采摭菁英，芟去煩亂，撮其義理允當者，用爲注解"。玄宗御注《孝經》完成於開元十年，《舊唐書·玄宗紀》載"六月辛丑，上訓注《孝經》，頒於天下"。又特令元行沖撰"《御注孝經》疏義，列於學官"（《舊唐書·元行沖傳》）。後來玄宗發現開元注《孝經》不够完善，重新"翦其繁蕪而撮其樞要"，"至天寶二年（公元743年）注成"，於天寶三年十二月，重新頒行天下，詔令民間必須家藏《孝經》一部。其後"仍自八分御札，勒於石碑"，《孝經》碑刊刻完成之後，立於長安城務本坊國子監内，坐落在三層階梯狀石臺之上，故名曰"石臺《孝經》"（參見王慶衛：《石臺孝經》，西安：西安出版社，2020年）。《舊唐書·經籍志》錄唐玄宗注《孝經》一卷，《新唐書·藝文志》錄唐玄宗《今上孝經制旨》一卷，當是同書異名。《敦煌經部文獻合集》經部之屬《孝經》中收錄《孝經注》殘卷一種，編號爲斯6019。此卷起《聖治章》"夫聖人之德"，至"不敬其親而敬愛他人親者"注"親其然"，一共十行，末三行上截缺頁。比對開元本唐玄宗《孝經注》文，可以斷定此殘卷即其殘本，經文、注文基本相同。

經過五代時期的變亂，宋初孔傳《孝經》及鄭注《孝經》又都重歸亡佚，唐玄宗御注《孝經》逐漸成爲主流。宋太宗雍熙元年（公元 984 年），日本奈良東大寺高僧奝然出使中國，獻鄭注《孝經》。另據馬雍《宋范祖禹書古文孝經石刻校釋》所述，宋内府尚藏有古文《孝經》的白文本。司馬光根據宋廷祕府所藏古文本作《古文孝經指解》，范祖禹作《古文孝經説》（今傳本《古文孝經指解》是司馬光、范祖禹兩家與玄宗注的合編本，與此不同），這兩部書成爲北宋時期最重要的《古文孝經》研究著作。范祖禹書寫的《古文孝經》於南宋刻石於大足北山之上，馬衡考訂《古文孝經》上石“在孝宗之世”（大足石刻避南宋孝宗趙眘“慎”字諱），舒大剛則定刻石時代爲“孝宗之孫寧宗初政，即公元 1194 年前後”。馬雍稱大足石刻范祖禹書《古文孝經》“可稱唯一最早之古文本”，是後來流傳的宋本《古文孝經》的祖本（參見金良年：《孝經注疏·校點前言》，上海：上海古籍出版社，2000 年）。大足石刻《古文孝經》刻於《趙懿簡神道碑》龕内左右石壁及外龕左右崖壁，分刻在六塊石面上。共六十六行，分二十二章，楷書竪刻。篇首標“古文孝經”四字，滿行二十八字，除去分章圓圈、末行題款及空字，經文一千八百十五字。其中第二十章《諫爭章》無“言之不通邪”五字。舒大剛認爲這五字是宋代司馬光撰《古文孝經指解》的注文，並非《古文孝經》的原文，而今傳司馬光《指解》本《古文孝經》、日本傳《古文孝經孔傳》均將此句篡入經文。因此斷定今傳司馬光《指解》本《古文孝經》、日本傳《古文孝經孔傳》的成書當在大足石刻范祖禹書《古文孝經》之後，並非《古文孝經》的原貌。舒大剛進而認爲“這份刻於南宋的石本《古文孝經》，是目前發現最早的《古文》刻本，它是真正的'宋本'"，並可以"推知今傳司馬光、范祖禹注本《古文孝經》的原貌，判斷日本傳《古文孝經孔傳》的真偽"。言下之意，由於"壓根兒不知道蜀刻《古文孝經》的存在"，日本傳《古文孝經孔傳》是"日本造偽者"所造的偽書（參見舒大剛：《中國孝經學史》，福州：福建人民出版社，2013 年）。實際上，日本最早的《古文孝經孔傳》傳本爲日本承安四年，即南宋孝宗淳熙元年（公元 1174 年）的鈔本，比舒大剛所斷的范書《古文孝經》上石時間還要早近二十年。即使以建久六年（公元 1195 年）轉寫本計算，與舒氏所斷大足石刻上石時間也相差無幾。從時間上説日本傳《古文孝經孔傳》爲偽書並不能成立。更重要的是，斷定日本傳《古文孝經孔傳》是否爲偽書的主要問題在於判斷《孔傳》是否爲偽，而非以經文的異同爲唯一標準。實際上，大足刻本、日傳本《古文孝經孔傳》在經文上的出入並不多（參見此整理本《古文孝經》）。日傳本是在日本知識階層之間輾轉抄寫的，發生訛變和篡入的可能性較大，忠實性勢必要比中國所傳刻本低一些。林秀一的《〈孝經述議〉復原研究》無疑已經説明，日本傳《古文孝經孔傳》的傳文成書於劉炫《孝經述議》之前，在此基礎上懷疑其經文的整體真實性恐怕是求之過深了。

孔傳《古文孝經》及鄭注《孝經》在日本皆有傳本。日本學者認爲《孝經》傳入日本的時代在隋代初年或者更早一些。古文《孝經》傳入日本後，世代相傳，源流清晰，版本迭出，俱可驗按。目前所知日本所存古文《孝經》版本非常多，比較早的有根據承安四年（南宋孝宗淳熙元年）

鈔本轉寫的建久六年（南宋 寧宗 慶元元年，公元 1195 年）古鈔本。日本學者林秀一《〈孝經述議〉復原研究》列舉了仁治二年（公元 1241 年）鈔本（京都 内藤乾吉氏藏）、建治三年（公元 1277 年）鈔本（京都 大原三千院藏）（以上兩種被日本國定爲“國寶”）、弘安二年（公元 1279 年）鈔本（文政六年舊福山藩主阿布正精模刻，原本在弘化三年［公元 1846 年］燒毁）、永仁五年（公元 1297 年）鈔本（宮内府圖書寮藏）、元亨元年（公元 1321 年）鈔本（宮内府圖書寮藏）、元德二年（公元 1330 年）鈔本（宮内府圖書寮藏）、鎌倉時代鈔本（高野山 寶壽院藏）、正平十三年（公元 1358 年）鈔本（京都 上賀茂神社藏）、永亨八年（公元 1436 年）鈔本（宮内府圖書寮藏）。日本學者阿部隆一《〈古文孝經〉舊鈔本研究（資料篇）》所舉日本國藏《古文孝經》相關校勘文獻更爲衆多，相關資料多達六十六種。日本 享保十七年（清 雍正十年，公元 1732 年），日本學者太宰純根據足利學校所藏古鈔本，並以“數本校讎，且旁及他書所引”，刊刻了孔傳《古文孝經》。此書由汪翼蒼訪得，帶回國内，鮑廷博《知不足齋叢書》收入第一册。日本 昭和十七年（公元 1942 年），劉炫《孝經述議》古鈔本在日本古代經學世家清原氏留下的一批資料中被發現（現藏於京都大學圖書館）。日本學者林秀一利用各種古鈔本撰成《〈孝經述議〉復原研究》一書，有力駁斥了劉炫僞作孔《傳》的説法，肯定了今傳本孔《傳》成書於梁代以前。

　　鄭氏注《孝經》傳入日本後同樣傳承有序，鈔本衆多，得到了日本儒學學者的廣泛傳習。日本 鄭注《孝經》的源頭是唐代 魏徵所編的《群書治要》中收錄的鄭注《孝經》，此版本後從日本傳《群書治要》中抽出單行，而《群書治要》在中國早已亡佚。日本元和二年（明萬曆四十四年，公元1616年），德川家康在金澤文庫中發現《群書治要》古鈔本，以朝鮮銅活字排印。整理者所見的日本傳《群書治要》有天明七年（公元1787年）的和刻本。日本寬政五年（清乾隆五十九年，公元1794年），岡田挺之根據《群書治要》刻本刊出鄭注《孝經》。其後此本傳回中國，鮑廷博將其收入《知不足齋叢書》第二十一冊。鄭注《孝經》除了出自日本傳《群書治要》的各版本，還有清代王謨、袁鈞、孔廣林、陳鱣、嚴可均、臧庸、黃奭等中國學者輯錄的各種輯本。其後，晚清皮錫瑞依輯本作《孝經鄭注疏》，成爲清代鄭注《孝經》研究的集大成之作。馬宗霍評價皮氏《孝經鄭注疏》云："鄭（玄）注湮廢已久，嚴氏（可均）粗加理董，其緒未宏，得（皮）錫瑞疏，而後鄭君《孝經》之學於以大闡。"不過，由於皮錫瑞受到清人對日本傳鄭注《孝經》不信任的影響，其所著《孝經鄭注疏》仍以嚴可均《全上古三代秦漢三國六朝文》中輯錄的鄭注《孝經》爲底本，因而降低了此書的校勘成就。

20世紀以降，敦煌藏經洞發現了很多唐宋時期《孝經》的殘卷，根據張湧泉主編的《敦煌經部文獻合集》中群經類《孝經》之屬的整理，共有二十七種白文無注的《孝經》殘卷（其中部分含有鄭氏《序》，屬於鄭注《孝經》系統，編連後爲包括底卷、甲卷至戊卷共二十二種），共有九種含有注文的鄭注《孝經》殘卷（編連後爲包括底卷、甲卷至己卷共七種）。編號爲伯3698（存鄭氏《孝經序》及《孝經》全文，共八十八行）、伯3416C（存九十八行）、伯2545（存六十一行)、伯 3372（存七十九行）、伯 1386（存九十八行）、斯 728（存九十五行）、伯 2715（存六十七行）等白文《孝經》殘卷所存行數較多；編號爲伯 3428、伯 2674 的兩種鄭注《孝經》殘卷（編連後存八十八行）所存行數較多。這兩類《孝經》殘卷基本可以恢復鄭注《孝經》經文的全貌以及部分注文的原貌（具體參看許建平撰寫的《敦煌經部文獻合集》中的群經類《孝經》之屬《題解》）。經過比對，可以證明日本源自《群書治要》的鄭注《孝經》不僞。

自日本鈔本、刻本孔傳《古文孝經》及鄭注《孝經》在清代傳回中國之後，對兩書的質疑聲不絕於耳。如《四庫全書總目提要》説日本孔傳《古文孝經》"淺陋冗慢，不類漢儒釋經之體，並不類唐、宋、元以前人語……有桀黠知文義者，摭諸書所引孔《傳》，影附爲之，以自誇圖籍之富歟！"阮元在《孝經注疏校勘記》中認爲，日本回流孔傳《古文孝經》"荒誕不可據"；日本刻本鄭注《孝經》"此僞中之僞，尤不可據者"。然而根據前舉的這些資料，説鈔本孔傳《古文孝經》與源自《群書治要》的鄭注《孝經》爲日本人僞作，是站不住腳的。不但這兩部書在日本傳承有序，還有劉炫《孝經述議》及敦煌殘卷《孝經》可以佐證（詳見胡平生《日本〈古文孝經〉孔傳的真僞問題——經學史上一件積案的清理》[《文史》二十三輯，北京：中華書局，1984 年] 以及胡平生《孝經譯注》中《〈孝經〉是怎樣的一本書》[北京：中華書局，1996 年] 的討論）。至於孔傳《孝經》是否是孔安國原《傳》，鄭注《孝經》作者是鄭玄還是鄭小同——抑或"鄭氏家學"，皆不影響兩個傳本在唐以前已經存在，並在《孝經》注疏史上佔有重要的地位。

　　本次整理《孝經》古注，選擇了以上所論三個最重要的
注本，一是舊題孔安國傳《古文孝經》，二是舊題鄭氏《孝
經注》，三是唐玄宗 李隆基《孝經注》。收錄唐玄宗注《孝
經》主要是因爲此注參用孔《傳》、鄭《注》，並且廣采韋昭、
王肅、虞翻、劉劭、劉炫、陸澄等隋 唐以前學者的注解，有
利於讀者瞭解漢 魏時期諸多《孝經》舊注的面貌。

　　《知不足齋叢書》第一册收錄日本學者太宰純校勘整理
的《古文孝經孔傳》，此本廣泛吸收了日本流傳孔傳《古文孝
經》各本優點，是一個影響比較大的本子。本次整理，整理
者以《知不足齋叢書》翻刻太宰純《古文孝經孔傳》爲底本，
以重慶 大足 宋代石刻范祖禹書《古文孝經》（後簡稱“大足
本”）、京都大學附屬圖書館 清原文庫藏鎌倉末孔傳《古文孝
經》鈔本（後簡稱“船橋本”）、早稻田大學藏日本 延享元年
（公元 1744 年）菅愷《古文孝經》鈔本（後簡稱“延享本”）、
日本 栃木縣 足利學校藏《古文孝經》鈔本（後簡稱“足利
本”）爲參校本。另參考了舒大剛《試論大足石刻范祖禹書
〈古文孝經〉的重要價值》中大足本的釋文以及林秀一《〈孝
經述議〉復原研究》（參看［日］林秀一撰，喬秀岩、葉純
芳、顧遷整理：《〈孝經述議〉復原研究》，武漢：崇文書局，
2016 年）的相關成果，加以校勘整理。

　　鄭玄注《孝經》以日本 天明七年《群書治要》所收錄的
鄭玄《孝經注》（後簡稱“天明本”）爲底本，以日本 寬政本
《孝經鄭注》（後簡稱“寬政本”）、《知不足齋叢書》第二十一
册《孝經鄭注》（後簡稱“知不足齋本”）爲參校本。另參考
《敦煌經部文獻合集》經部之屬《孝經》類一卷並《序》（許
建平整理，後簡稱“《合集》本”）的相關成果，加以校勘整

理。《合集》本底卷據縮微膠卷録文，以甲至戌卷及中華書局影印阮元刻《十三經注疏·孝經注疏》爲校本。若無需要特別説明的情況，本次整理不再對敦煌殘卷各本的異同單獨出校記，具體可以參看《合集》本的校勘記。

唐宋以降，李隆基注《孝經》流傳最爲廣泛、傳本最多。本次整理以唐開元六年所刻的石臺《孝經》（後簡稱"石臺本"）爲底本，以《古逸叢書》覆舊鈔卷子本唐開元御注《孝經》（後簡稱"開元本"）、開成石經《孝經》（後簡稱"開成石經"）、《四部叢刊》刻傳是樓影宋岳氏本《御注孝經》（後簡稱"影宋岳氏本"）及嘉慶二十年江西南昌府學刻阮元《重刊宋本孝經注疏附校勘記》（後簡稱"阮刻本"）爲參校本。另參考《敦煌經部文獻合集》經部之屬《孝經》中《孝經注》（《聖治章》）殘卷的相關整理成果，加以校勘整理。

本次整理過程中，徐淵幫助撰寫了《整理説明》中關於《孝經》古、今文流變以及孔傳《古文孝經》辨僞的段落。還得到了浙江大學古籍研究所許建平老師、蘇州大學中文系顧遷兄、西安碑林博物館王慶衛兄的指教和幫助，在此並致謝忱。由於整理者水平有限，整理本一定有不少錯訛，請方家不吝指教。

陸　一

二〇二一年十月

整理凡例

一、《孝經注》包括舊題孔安國傳《古文孝經》、舊題鄭玄注《孝經》、唐玄宗 李隆基注《孝經》三個獨立文本。根據本叢書體例，整理時重新排版，先列經文，注文以節後注的形式列出，校勘異文以頁下注的形式列出。

一、《孝經注》的分篇、分章皆從底本，原文有篇題的保留篇題，原文無篇題的在章後以括注形式列出篇題。

一、孔傳《古文孝經》工作底本（後簡稱"底本"）爲《知不足齋叢書》翻刻太宰純《古文孝經孔傳》，以重慶 大足 宋代石刻范祖禹書《古文孝經》（後簡稱"大足本"）、京都大學附屬圖書館 清原文庫藏鎌倉末孔傳《古文孝經》鈔本（後簡稱"船橋本"）、早稻田大學藏日本 延享元年菅愷《古文孝經》鈔本（後簡稱"延享本"）、日本 栃木縣 足利學校藏《古文孝經》鈔本（後簡稱"足利本"）爲參校本。

一、鄭注《孝經》工作底本（後簡稱"底本"）爲日本 天明七年《群書治要》所收錄的鄭注《孝經》（後簡稱"天明本"），以日本 寬政本《孝經鄭注》（後簡稱"寬政本"）、《知不足齋叢書》第二十一冊《孝經鄭注》（後簡稱"知不足齋本"）爲參校本。

一、李隆基注《孝經》工作底本（後簡稱"底本"）爲唐 開元六年所刻的石臺《孝經》（後簡稱"石臺本"），以《古逸叢書》覆舊鈔卷子本唐 開元御注《孝經》（後簡稱"開元本")、開成石經《孝經》（後簡稱"開成石經"）、《四部叢刊》刻傳是樓影宋 岳氏本《御注孝經》（後簡稱"影宋 岳氏本"）及嘉慶二十年江西 南昌府學刻阮元《重刊宋本孝經注疏附校勘記》（後簡稱"阮刻本"）爲參校本。

　　一、爲盡可能地保留原本面貌，整理本保留了底本中的多數異體字，不同版本中的異體字以校記方式做出説明。底本中明顯的訛字逕改，俗字一般改爲正字。

　　一、本書標點時，參考了中華書局 胡平生整理本《孝經譯注》、北京大學出版社繁體標點本《孝經注疏》和上海古籍出版社繁體標點本《孝經注疏》。

孔傳古文孝經

古文孝經序

孔安國

　　《孝經》者何也？孝者，人之高行；經，常也。自有天地人民以來，而孝道著矣[一]。上有明王，則大化滂流，充塞六合；若其無也，則斯道滅息。當吾先君孔子之世，周失其柄，諸侯力爭，道德既隱，禮誼又廢，至乃臣弒其君，子弒其父，亂逆無紀，莫之能正。是以夫子每於閒居而歎述古之孝道也[二]。

　　夫子敷先王之教於魯之洙泗，門徒三千，而達者七十有二也。貫首弟子顏回、閔子騫、冉伯牛、仲弓，性也至孝之自然，皆不待諭而寤者也；其餘則悱悱憤憤，若存若亡。唯曾參躬行匹夫之孝，而未達天子、諸侯以下揚名顯親之事，因侍坐而諮問焉。故夫子告其誼，於是曾子喟然知孝之為大也，遂集而錄之，名曰《孝經》，與《五經》竝行於世[三]。逮乎六國，學校衰廢。

　　及秦始皇焚書坑儒，《孝經》由是絶而不傳也。至漢興，建元之初，河間王得而獻之，凡十八章。文字多誤，博士

〔一〕　而孝道著矣　船橋本無"而"字。

〔二〕　是以夫子……孝道也　"閒"，船橋本作"間"。後仿此者皆不出校。

〔三〕　與五經竝行於世　"竝"，船橋本作"並"。後仿此者皆不出校。

頗以教授。後魯共王使人壞夫子講堂〔一〕，於壁中石函得古文
《孝經》二十二章〔二〕。載在竹牒，其長尺有二寸，字科斗形。
魯三老孔子惠抱詣京師，獻之天子。天子使金馬門待詔學士
與博士群儒，從隸字寫之；還子惠一通，以一通賜所幸侍中
霍光。光甚好之，言爲口實。時王公貴人，咸神祕焉，比
於禁方。天下競欲求學，莫能得者。每使者至魯，輒以人
事請索〔三〕。或好事者，募以錢帛，用相問遺。魯吏有至帝都
者，無不齎持以爲行路之資。故古文《孝經》初出於孔氏，
而今文十八章，諸儒各任意巧説，分爲數家之誼，淺學者
以當《六經》，其大車載不勝；反云孔氏無古文《孝經》〔四〕，
欲矇時人。度其爲説，誣亦甚矣。吾愍其如此，發憤精思，
爲之訓傳，悉載本文，萬有餘言，朱以發經，墨以起傳，
庶後學者，覩正誼之有在也。今中祕書皆以魯三老所獻古
文爲正〔五〕。河間王所上雖多誤，然以先出之故，諸國往往有
之。漢先帝發詔稱其辭者，皆言"《傳》曰"，其實今文《孝
經》也。

　　昔吾逮從伏生論古文《尚書》誼，時學士會，云出叔孫
氏之門，自道知《孝經》有師法〔六〕。其説"移風易俗，莫善於
樂"，謂爲天子用樂，省萬邦之風，以知其盛衰。衰則移之以
貞盛之教，淫則移之以貞固之風，皆以樂聲知之，知則移之。

〔一〕　後魯共王使人壞夫子講堂　"共"，船橋本作"恭"。
〔二〕　於壁中……二十二章　"壁"，船橋本作"璧"。"函"，船橋本作"丞"。
〔三〕　輒以人事請索　"輒"，船橋本作"輙"。後仿此者皆不出校。
〔四〕　反云孔氏無古文孝經　"反云"，船橋本作"反云於"。
〔五〕　今中祕書……古文爲正　"祕"，船橋本作"秘"。後仿此者皆不出校。
〔六〕　自道知孝經有師法　"道"，船橋本作"䚪"。

故云"移風易俗，莫善於樂"也。又師曠云"吾驟歌南風，多死聲，楚必無功"，即其類也。且曰："庶民之愚，安能識音，而可以樂移之乎？"當時衆人僉以爲善。吾嫌其説迁，然無以難之。後推尋其意，殊不得爾也〔一〕。子游爲武城宰，作絃歌以化民。武城之下邑〔二〕，而猶化之以樂，故《傳》曰："夫樂，以關山川之風，以曜德於廣遠。風德以廣之，風物以聽之，脩詩以詠之，脩禮以節之。"又曰："用之邦國焉，用之鄉人焉。"此非唯天子用樂明矣。夫雲集而龍興，虎嘯而風起，物之相感，有自然者，不可謂毋也。胡笳吟動，馬蹀而悲；黃老之彈，嬰兒起舞。庶民之愚，愈於胡馬與嬰兒也，何爲不可以樂化之？

《經》又云"敬其父則子説，敬其君則臣説"，而説者以爲各自敬其爲君父之道，臣子乃説也。余謂不然。君雖不君，臣不可以不臣；父雖不父，子不可以不子。若君父不敬其爲君父之道，則臣子便可以忿之邪〔三〕？此説不通矣。吾爲《傳》，皆弗之從焉也。

〔一〕 殊不得爾也　"爾"，船橋本作"尔"。後仿此者皆不出校。

〔二〕 武城之下邑　船橋本無"之"字。

〔三〕 則臣子便可以忿之邪　"邪"，船橋本作"耶"。後仿此者皆不出校。

孔傳古文孝經

漢魯人　孔安國　傳

開宗明誼章第一^{〔一〕}

〔一〕經一百二十五字^{〔一〕}。

仲尼閒居^{〔二〕}，曾子侍坐。^{〔一〕}子曰："參，先王有至德要道，以訓天下^{〔三〕}，^{〔二〕}民用和睦，上下亡怨^{〔四〕}。女知之乎？"^{〔三〕}

〔一〕仲尼者，孔子字也。凡名有五品，有信，有誼，有象，有假，有類。以名生爲信，以德名爲誼^{〔五〕}，以類名爲象，取物爲假，取父爲類。仲尼首上污，似尼丘山，故名曰丘，而字仲尼。孔子者，男子之通稱也。仲尼之兄伯尼。閒居者，靜而思道也。曾子者，男子之通稱也。名參，其父曾點，亦孔子弟子也。侍坐，承事左右，問道訓也。

〔二〕子，孔子也。師一而已，故不稱姓。先王，先聖王也。至

〔一〕經一百二十五字　此七字船橋本作"一百廿四字"。船橋本無"經"字。後仿此者皆不出校。

〔二〕仲尼閒居　"閒"，船橋本、足利本作"間"。

〔三〕以訓天下　"訓"，大足本作"順"。

〔四〕上下亡怨　"亡"，大足本作"無"，二字常作通假。後仿此者皆不出校。

〔五〕以德名爲誼　"誼"，船橋本作"義"。

德，孝德也。孝生於敬，敬者寡而説者衆〔一〕，故謂之要道
也。訓，教也。道者，扶持萬物，使各終其性命者也。施於
人，則變化其行而之正理，故道在身，則言自順而行自正，
事君自忠，事父自孝，與人自信，應物自治。一人用之，不
聞有餘；天下行之，不聞不足。小取焉，小得福；大取焉，
大得福。天下行之，而天下服。是以總而言之〔二〕，一謂之要
道〔三〕；別而名之，則謂之孝弟仁誼禮忠信也〔四〕。

〔三〕言先王行要道奉理，則遠者和附，近者睦親也。所謂率己以
化人也。廢此二誼〔五〕，則萬姓不協，父子相怨，其數然也。
問曾子女寧知先王之以孝道化民之若此也。

　　曾子辟席〔六〕，曰：“參不敏〔七〕，何足以知之乎〔八〕？”〔一〕
子曰：“夫孝，德之本也〔九〕，教之所繇生也。〔二〕復坐，吾
語女〔一〇〕。〔三〕身體髮膚，受之父母〔一一〕，不敢毀傷，孝之
始也。〔四〕立身行道，揚名於後世〔一二〕，以顯父母，孝之終

〔一〕　敬者寡而説者衆　“説”，船橋本作“悦”，二字常作通假。後仿此者皆不出校。

〔二〕　是以總而言之　“總”，船橋本作“惣”。

〔三〕　一謂之要道　此句船橋本作“謂之道”。

〔四〕　則謂之孝弟仁誼禮忠信也　“弟”，船橋本作“悌”。後仿此者皆不出校。“誼”，船橋本作“義”。

〔五〕　廢此二誼　“誼”，船橋本作“義”。

〔六〕　曾子辟席　“辟”，大足本、船橋本、足利本作“避”。

〔七〕　參不敏　“不”，船橋本、足利本作“弗”。後仿此者皆不出校。

〔八〕　何足以知之乎　此句末大足本無“乎”字。後仿此者皆不出校。

〔九〕　德之本也　此句末大足本無“也”字。後仿此者皆不出校。

〔一〇〕　吾語女　“女”，足利本作“汝”。後仿此者皆不出校。

〔一一〕　受之父母　“之”，船橋本、足利本作“于”。

〔一二〕　揚名於後世　“揚”，足利本作“敭”。

也。^{〔五〕}夫孝，始於事親，中於事君，終於立身^{〔一〕}。^{〔六〕}《大雅》云：'亡念爾祖，聿脩其德^{〔二〕}。'"^{〔七〕}

[一] 敏，疾也。曾子下席而跪，稱名，荅曰：參性遲鈍，見誼不疾，何足辱以知先王要道乎？蓋謙辭也。凡弟子請業及師之問，皆作而離席也。

[二] 孝道者，乃立德之本基也，教化所從生也。德者，得也。天地之道得，則日月星辰不失其敘，寒燠雷雨不失其節。人主之化得，則羣臣同其誼^{〔三〕}，百官守其職，萬姓說其惠，來世歌其治。父母之恩得，則子孫和順，長幼相承^{〔四〕}，親戚歡娛，姻族敦睦。道之美莫精於德也。

[三] 將開大道，欲其審聽，故令還復本坐，而後語之。夫辟席荅對^{〔五〕}，弟子執恭，告令復坐，師之恩恕也。

[四] 本其所由也。人生稟父母之血氣，情性相通，分形異體，能自保全而無刑傷，則其所以爲孝之始者也。是以君子之道謙約自持，居上不驕，處下不亂，推敵能讓，在衆不爭，故遠於咎悔，而無凶禍之災焉也。

[五] 立身者，立身於孝也。束脩進德，志邁清風，遊于六藝之場，蹈于無過之地。乾乾日競，夙夜匪解，行其孝道，聲譽宣聞，父母尊顯於當時，子孫光榮於無窮，此則孝之終竟也。

〔一〕終於立身　船橋本作"終立於身"。

〔二〕聿脩其德　"其"，大足本作"厥"。"脩"，足利本作"修"。後仿此者皆不出校。

〔三〕則羣臣同其誼　"誼"，船橋本作"義"。

〔四〕長幼相承　"承"，船橋本作"奉"。

〔五〕夫辟席荅對　"辟"，船橋本作"避"。

［六］言孝行之非一也。以事親言之，其爲孝也，非徒不毀傷父
　　　母之遺體而已，故略於上而詳於此〔一〕，互相備矣。禮，男初
　　　生，則使人執桑弧蓬矢，射天地四方，示其有事。是故自
　　　生至于三十，則以事父母，接兄弟，和親戚，睦宗族，敬長
　　　老，信朋友爲始也。四十以往，所謂中也，仕服官政，行其
　　　典誼，奉法無貳，事君之道也。七十老，致仕，縣其所仕之
　　　車〔二〕，置諸廟，永使子孫鑒而則焉。立身之終，其要然也。
［七］《大雅》者，美文王之德也。無念，念也。聿，述也。言當
　　　念其先祖，而述脩其德也。斷章取誼〔三〕，上下相成，所以終
　　　始孝道，不以敢解倦者，以爲人子孫，懼不克昌前烈〔四〕，負
　　　累其先祖故也〔五〕。

〔一〕　故略於上而詳於此　此句船橋本作“故略於上而詳之於”。
〔二〕　縣其所仕之車　“縣”，船橋本作“懸”。後仿此者皆不出校。
〔三〕　斷章取誼　“誼”，船橋本作“義”。
〔四〕　懼不克昌前烈　“克”，船橋本作“尅”。
〔五〕　負累其先祖故也　此句船橋本作“負累其先祖故之也”。

天子章第二 [一]

[一] 經五十三字。

　　子曰:"愛親者，不敢惡於人。[一] 敬親者，不敢慢於人。[二] 愛敬盡於事親 [一]，然後德教加於百姓 [二]，刑于四海。[三] 蓋天子之孝也。[四]《呂刑》云 [三]:'一人有慶，兆民賴之。'" [五]

[一] 謂內愛己親，而外不惡於人也。夫兼愛無遺，是謂君心，上以順教，則萬民同風，旦暮利之，則從事勝任也。

[二] 謂內敬其親，而外不慢於人 [四]，所以爲至德也。其至德以和天下，而長幼之節肅焉，尊卑之序辨焉。是故不遺老忘親，則九族無怨；爵授有德，則大臣興誼 [五]；祿與有勞，則士死其制；任官以能，則民上功；刑當其罪，則治無詭；帥士以民之所載，則上下和；舉治先民之所急，則衆不亂。常行斯道也 [六]，故國有紀綱，而民知所以終始之也 [七]。

[三] 刑，法也。百姓被其德，四海法其教。故身者，正德之本也。治者，耳目之詔也。立身而民化，德正而官辨，安危在

〔一〕 愛敬盡於事親　"於"，足利本作"乎"。
〔二〕 然後德教加於百姓　此句大足本作"而德教加於百姓"。
〔三〕 呂刑云　"呂刑"，大足本作"甫刑"。
〔四〕 而外不慢於人　此句船橋本作"外不慢人"。
〔五〕 則大臣興誼　"誼"，船橋本作"義"。
〔六〕 常行斯道也　此句船橋本作"行斯道也"。
〔七〕 而民知所以終始之也　此句船橋本作"而民知所以終始也"。

本，治亂在身。故孝者，至德要道也，有其人則通，無其人則塞也。

［四］蓋者，稱韋較之辭也。又陳其大綱，則綱目必舉。天子之孝道，不出此域也。

［五］《呂刑》，《尚書》篇名也。呂者，國名，四嶽之後也。爲諸侯，相穆王，訓夏之贖刑，以告四方。一人，謂天子也。慶，善也。十億爲兆，言天子有善德，兆民賴其福也。夫明王設位，法象天地，是以天子稟命於天，而布德於諸侯。諸侯受命而宣於卿、大夫，卿、大夫承教而告於百姓。故諸侯有善，讓功天子。卿、大夫有善，推美諸侯。士、庶人有善，歸之卿、大夫。子弟有善，移之父兄。由于上之德化也。

诸侯章第三 [一]

[一] 經七十六字。

子曰："居上不驕 [一]，高而不危。[一] 制節謹度，滿而不溢。[二] 高而不危，所以長守貴也。滿而不溢，所以長守富也。[三] 富貴不離其身，然後能保其社稷，而和其民人。蓋諸侯之孝也。[四]《詩》云：'戰戰兢兢，如臨深淵，如履薄冰。'" [五]

[一] 高者必以下爲基，故居上位不驕。莫不好利而惡害，其能與百姓同利者，則萬民持之，是以雖處高猶不危也。

[二] 有制有節，謹其法度，是守足之道也。其知守其足 [二]，則雖滿而不盈溢矣。

[三] 皆自然也。先王疾驕，天道虧盈 [三]，不驕不溢，用能長守富貴也。是故自高者必有下之，自多者必有損之。故古之聖賢不上其高，以求下人；不溢其滿，以謙受人，所以自終也。

[四] 有其德，斯其爵矣。有其爵，斯其社稷矣。居身於德，處尊於爵，據有社稷，行其政令，則人民和輯，四境以寧。諸侯之孝道，其法如此也。

[五]《詩·小雅·小旻》之章，自危懼之詩也。行孝亦然，故取喻焉。臨深淵恐墜，履薄冰恐陷，言常不敢自康也。夫能自

〔一〕 居上不驕　"居"，大足本作"在"。

〔二〕 其知守其足　此句船橋本作"知守其足"。

〔三〕 天道虧盈　"虧"，船橋本作"毀"。

危者，則能安其位者也。憂其亡者，則能保其存者也。懼
其亂者〔一〕，則能有其治者也。故君子安而不忘危，存而不忘
亡，治而不忘亂，是以身安而國家可保也。

卿大夫章第四 ^[一]

〔一〕經九十四字。

子曰："非先王之法服，不敢服；^[一]非先王之法言，不敢道^[一]；^[二]非先王之德行，不敢行。^[三]是故非法不言，非道不行。^[四]口亡擇言，身亡擇行。^[五]言滿天下亡口過，行滿天下亡怨惡。^[六]三者備矣^[二]，然後能保其祿位，而守其宗廟^[三]。蓋卿、大夫之孝也。^[七]《詩》云：'夙夜匪解^[四]，以事一人。'"^[八]

〔一〕服者，身之表也。尊卑貴賤，各有等差。故賤服貴服，謂之僭上，僭上爲不忠。貴服賤服，謂之偪下，偪下爲失位。是以君子動不違法，舉不越制，所以成其德也。

〔二〕法言，謂孝、弟、忠、信、仁、誼、禮、典也。此八者，不易之言也。非此則不說也，故能參德於天地，公平無私。賢、不肖莫不用是，先王之所以合于道也。

〔三〕脩德於身，行之於人。擬而後言，議而後動^[五]。擬議以其志，勤以行其典誼，中能應外，施必先當，是以上安而下化之也。

〔四〕必合典法，然後乃言。必合道誼，然後乃行也。無定之士，

〔一〕 不敢道　"道"，船橋本作"導"。

〔二〕 三者備矣　此句足利本作"此三者備矣"。

〔三〕 然後能保其祿位而守其宗廟　此句大足本作"然後能守其宗廟"。

〔四〕 夙夜匪解　"解"，足利本、大足本作"懈"。

〔五〕 議而後動　"議"，船橋本作"誼"。

明王不禮。無度之言，明王不許也。尤所宜慎，故申覆之。
法服有制，是以不重也。

［五］言所可言，行所可行，故言行皆善，無可棄擇者焉。若夫
偷得利而後有害，偷得樂而後有憂，則先王所不言、所不
行也。

［六］聖人詳慎，與世超絕，發言必顧其累，將行必慮其難，故出
言而天下說之，所行而天下樂之。言不逆民，行不悖事，則
人恐其不復言，恐其不復行。若言之不可復者，其事不信
也。行之不可再者，其行暴賊也。言而不信，則民不附，行
而暴賊，則天下怨。民不附，天下怨，此皆滅亡所從生也。

［七］三者，謂服應法、言有則、行合道也。立身之本，在此三
者。三者無闕，則可以安其位，食其祿，祭祀祖考，護守宗
廟。宗者，尊也。廟者，貌也。父母既沒，宅兆其靈，於之
祭祀，謂之尊貌。此卿、大夫之所以爲孝也。

［八］《詩·大雅·烝民》，美仲山甫之章也。仲山甫爲周宣王之卿
大夫，以事天子得其道，故取成誼焉〔一〕。言其“柔嘉維則，
令儀令色，小心翼翼。古訓是式，威儀是力”，“既明且哲，
以保其身”，皆與此誼同也〔二〕。

〔一〕　故取成誼焉　“誼”，船橋本作“義”。
〔二〕　皆與此誼同也　“誼”，船橋本作“義”。

士章第五 [一]

子曰："資於事父以事母，其愛同 [一]；[一] 資於事父以事君，而敬同 [二]。[二] 故母取其愛，而君取其敬，兼之者父也。[三] 故以孝事君則忠，[四] 以弟事長則順 [三]。[五] 忠順不失，以事其上，然後能保其爵祿 [四]，而守其祭祀。蓋士之孝也。[六]《詩》云：'夙興夜寐，亡忝爾所生。'" [七]

〔一〕資，取也。取事父之道以事母，其愛同也。

〔二〕言愛父與母同，敬君與父同也。

〔三〕母至親而不尊，君至尊而不親，唯父兼尊親之誼焉 [五]。夫至親者則敬不至，至尊者則愛不至，人常情也。是故為人父者，不明父子之誼以教其子 [六]，則子不知為子之道以事其父。為人君者，不明君臣之誼以正其臣 [七]，則臣不知為臣之理以事其主。君臣以誼 [八]，固上下以序。和衆庶以愛輯，則主有令而民行之，上有禁而民不犯也 [九]。

〔一〕其愛同　"其"，大足本作"而"。

〔二〕而敬同　"而"，延享本作"其"。

〔三〕以弟事長則順　"弟"，大足本作"敬"。

〔四〕然後能保其爵祿　"爵祿"，大足本作"祿位"。

〔五〕唯父兼尊親之誼焉　"誼"，船橋本作"義"。

〔六〕不明父子之誼以教其子　"誼"，船橋本作"義"。

〔七〕不明君臣之誼以正其臣　"誼"，船橋本作"義"。

〔八〕君臣以誼　"誼"，船橋本作"義"。

〔九〕上有禁而民不犯也　"也"，船橋本作"矣"。

35

〔四〕孝者，子、婦之高行也。忠者，臣下之高行也。父母教而得
　　　理，則子、婦孝。子、婦孝，則親之所安也〔一〕。能盡孝以順
　　　親，則當於親。當於親，則美名彰。人君寬而不虐，則臣下
　　　忠。臣下忠〔二〕，則君之所用也。能盡忠以事上，則當於君。
　　　當於君，則爵祿至。是故執人臣之節以事親，其孝可知也。
　　　操事親之道以事君〔三〕，其忠必矣〔四〕。

〔五〕弟者，善事兄之謂也。順生於弟，故觀其所以事兄，則知其
　　　所以事長也〔五〕。

〔六〕上，謂君長也。此攝凡舉要，申解爲士之誼〔六〕，所以能保其
　　　爵祿而守其祭祀者，則以其不失忠順於君長故也。

〔七〕《詩·小雅·小宛》之章也。言“日月流邁，歲不我與”，當
　　　夙起夜寐，進德修業，以無忝辱其父母也。能揚名顯父母，
　　　保位守祭祀，非以孝弟，莫由至焉也。

〔一〕　子婦孝則親之所安也　此句船橋本作“子、婦者，親之所安也”。
〔二〕　臣下忠　此句船橋本作“臣下者”。
〔三〕　操事親之道以事君　“操”，船橋本作“摻”。
〔四〕　其忠必矣　“矣”，船橋本作“也”。
〔五〕　則知其所以事長也　此句船橋本作“則知其所以事長也矣”。
〔六〕　申解爲士之誼　“誼”，船橋本作“義”。

庶人章第六[一]

［一］經二十四字。

子曰："因天之時[一]，就地之利[二]，[一]謹身節用，以養父母。此庶人之孝也。"[二]

［一］天時，謂春生、夏長、秋收、冬藏也。地利，謂原、隰、水、陸[三]，各有所宜也。庶人之業，稼穡爲務，審因四時，就於地宜[四]，除田擊槁，深耕疾耰，時雨既至，播殖百穀，挾其槍刈，脩其襲畝，脱衣就功，暴其髮膚，旦暮從事，霑體塗足。少而習焉，其心休焉。是故其父兄之教，不肅而成；其子弟之學，不勞而能也。

［二］謹身者，不敢犯非也。節用者，約而不奢也。不爲非，則無患；不爲奢，則用足。身無患悔，而財用給足，以恭事其親，此庶人之所以爲孝也。

〔一〕因天之時　"時"，大足本作"道"。

〔二〕就地之利　"就"，大足本作"因"。

〔三〕謂原隰水陸　"隰"，船橋本作"濕"。

〔四〕就於地宜　"於"，船橋本作"物"。

孝平章第七 ^[一]

[一] 經二十五字 ^{〔一〕}。

　　子曰 ^{〔二〕}："故自天子以下至於庶人 ^{〔三〕}， ^[一] 孝亡終始，而患不及者，未之有也。" ^[二]

[一] 故者，故上陳孝五章之誼也 ^{〔四〕}。

[二] 躬行孝道，尊卑一揆，人子之道，所以爲常也。必有終始，然後乃善。其不能終始者，必及患禍矣。故爲君而惠，爲父而慈，爲臣而忠，爲子而順，此四者，人之大節也。大節在身，雖有小過，不爲不孝。爲君而虐，爲父而暴，爲臣而不忠，爲子而不順，此四者，人之大失也。大失在身，雖有小善，不得爲孝。上章既品其爲孝之道，此又總説其無終始之咎，以勉人爲高行也 ^{〔五〕}。

〔一〕　經二十五字　此五字船橋本作"廿四字"。
〔二〕　子曰　大足本無"子曰"二字。
〔三〕　故自天子以下至於庶人　"以"，大足本作"已"。
〔四〕　故上陳孝五章之誼也　"誼"，船橋本作"義"。
〔五〕　以勉人爲高行也　"也"，船橋本作"矣"。後仿此者皆不出校。

三才章第八 ^[一]

〔一〕經一百二十九字。

　　曾子曰："甚哉！孝之大也。"^[一]

　　子曰："夫孝，天之經也，地之誼也^[一]，民之行也。^[二]天地之經，而民是則之。^[三]則天之明，因地之利^[二]，以訓天下^[三]。^[四]是以其教不肅而成，其政不嚴而治^[四]。^[五]先王見教之可以化民也^[五]，^[六]是故先之以博愛，而民莫遺其親；^[七]陳之以德誼^[六]，而民興行；^[八]先之以敬讓，而民不爭；^[九]道之以禮樂^[七]，而民和睦；^[一〇]示之以好惡，而民知禁。^[一一]《詩》云：'赫赫師尹，民具爾瞻。'"^[一二]

　　〔一〕曾子聞孝爲德本，而化所由生，自天子達庶人焉。行者遇福，不用者蒙患，然後乃知孝之爲甚大也。

　　〔二〕經，常也。誼，宜也。行，所由也。亦皆謂常也。夫天有常節，地有常宜，人有常行，一設而不變，此謂三常也，孝其本也。兼而統之，則人君之道也。分而殊之，則人臣之事也。君失其道，無以有其國。臣失其道，無以有其位。故上

〔一〕地之誼也　"誼"，大足本作"義"。
〔二〕因地之利　"利"，大足本作"義"。
〔三〕以訓天下　"訓"，大足本作"順"。
〔四〕其政不嚴而治　此句足利本作"其政不嚴而治焉"。
〔五〕先王見教之可以化民也　此句首大足本有"子曰"二字。
〔六〕陳之以德誼　"誼"，大足本作"義"。
〔七〕道之以禮樂　"道"，大足本、船橋本作"導"。

之畜下不妄，下之事上不虛，孝之致也。

［三］是，是此誼也。則，法也。治安百姓，人君之則也。訓護家
　　事，父母之則也。諫爭死節，臣下之則也。盡力善養，子、
　　婦之則也。人君不易其則，故百姓說焉。父母不易其則，故
　　家事脩焉。臣下不易其則，故主無僭焉。子、婦不易其則，
　　故親養具焉。斯皆法天地之常道也，是故用則者安，不用則
　　者危也。

［四］夫覆而無外者，天也，其德無不在焉。載而無棄者，地也，
　　其物莫不殖焉。是以聖人法之以覆載萬民，萬民得職而莫不
　　樂用，故天地不爲一物枉其時，日月不爲一物晦其明，明王
　　不爲一人枉其法。法天合德，象地無缺，取日月之無私，則
　　兆民賴其福也。

［五］以其脩則，且有因也。登山而呼，音達五十里，因高之響
　　也。造父執御，千里不疲，因馬之勢也。聖人因天地以設
　　法，循民心以立化，故不加威肅而教自成，不加嚴刑而政自
　　治也。

［六］識見教化終始之歸，故設之焉。

［七］博愛，汎愛衆也。先垂博愛之教，以示親親也，故民化之而
　　無有遺忘其親者也。

［八］陳，布也。布德誼以化天下，故民起而行德誼也〔一〕。

［九］上爲敬則下不慢，上好讓則下不爭。上之化下，猶風之靡
　　草，故每輒以己率先之也。

［一〇］禮以強教之，樂以說安之。君有父母之恩，民有子弟之敬。

〔一〕 故民起而行德誼也 “誼”，船橋本作“義”。

於是乎道之斯行^{〔一〕}，綏之斯來，動之斯和，感之斯睦也。

[一一] 好，謂賞也。惡，謂罰也。賞罰明而不可欺，法禁行而不可犯，分職察而不可亂^{〔二〕}，人君所以令行而禁止也。令行禁止者，必先令於民之所好，而禁於民之所惡，然後詳其鈇鉞，慎其祿賞焉。有不聽而可以得存者，是號令不足以使下也。有犯禁而可以得免者，是鈇鉞不足以威衆也。有無功而可以得富者，是祿賞不足以勸民也。號令不足以使下，鈇鉞不足以威衆，祿賞不足以勸民，則人君無以自守之也。

[一二]《詩・小雅・節南山》之章也。赫赫，顯盛也。師，大師尹氏，周之三公也。具，皆也。爾，女也^{〔三〕}。言居顯盛之位，衆民皆瞻仰之，所行不可以違天地之經也^{〔四〕}。善惡則民從，故有位者慎焉^{〔五〕}。

〔一〕 於是乎道之斯行　“道”，船橋本作“導”。

〔二〕 分職察而不可亂　“察”，船橋本作“審”。

〔三〕 爾女也　此句船橋本無。

〔四〕 所行不可以違天地之經也　“違”，船橋本作“遠”。

〔五〕 故有位者慎焉　此句船橋本作“故有位者慎焉矣”。

孝治章第九 [一]

子曰："昔者，明王之以孝治天下也，[一] 不敢遺小國之臣，而況於公、侯、伯、子、男乎？[二] 故得萬國之歡心，以事其先王。[三] 治國者，不敢侮於鰥寡，而況於士民乎？[四] 故得百姓之歡心，以事其先君。[五] 治家者，不敢失於臣妾之心 [二]，而況於妻、子乎？[六] 故得人之歡心，以事其親。[七] 夫然，故生則親安之，祭則鬼享之，[八] 是以天下和平，災害不生，禍亂不作。[九] 故明王之以孝治天下也如此 [三]。[一〇]《詩》云：'有覺德行，四國順之。'"[一一]

[一] 所謂明者，照臨群下，必得其情也。故下得道上，賤得道貴，卑者不待尊寵而亢，大臣不因左右而進，百官脩道，各奉其職。有罰者，主亢其罪。有賞者，主知其功。亢知不悖，賞罰不差，有不蔽道，故曰明。所謂孝者，至德要道也，治亦訓也。若乃涖官不忠，非孝也。不愛萬物，非孝也。接下不惠，非孝也。事上不敬，非孝也。

[二] 小國之臣，臣之卑者也。公、侯、伯、子、男，凡五等，皆國君之尊爵也。卑猶不敢遺忘，尊者見敬可知也。

[三] 萬國者，舉盈數也。明王崇愛敬以接下，則下竭歡心而應

〔一〕 經一百四十四字　此七字船橋本作"一百四十二字"。

〔二〕 不敢失於臣妾之心　此句大足本無"之心"二字。

〔三〕 故明王之以孝治天下也如此　此句大足本無"也"字。

42

之。是故損上益下，民説無疆。自上下下，其道大光。事之者，謂四時享祀，駿奔走在廟也。

〔四〕鰥寡之人，人之尤疲弱者，猶且不侮慢之，況於士民乎？

〔五〕説天子言先王，道諸侯言先君〔一〕，皆明其祖考也。凡民，愛之則親，利之則至。是以明君之政，設利以致之，明愛以親之。若徒利而不愛，則衆不親。徒愛而不利，則衆不至。愛、利俱行，衆乃説也。

〔六〕卿、大夫稱家。臣之與妾，賤人也。妻之與子，貴者也。接賤不失禮，則其敬貴必矣。

〔七〕人，謂采邑之人也。愛利不失，得其歡心，所以供事其親。不言先者，大夫以賢舉，包父、祖之見在也〔二〕。

〔八〕夫然，猶言如是。生盡孝養，故親安之。祭致齊敬，故鬼饗之，謂其祖考也〔三〕。

〔九〕上下行孝，愛敬交通，天下和平，人和神説，故妖孽不生，禍亂不起也。

〔一〇〕如此，福應也。行善則休徵報之，行惡則咎徵隨之，皆行之致也。此有諸侯及卿、大夫之事，而主於明王者，下之能孝，化於上也。

〔一一〕《詩·大雅·抑》之章也。覺，直也。言先王行正直之德，則四方之衆國皆順從法則之也〔四〕。

〔一〕　道諸侯言先君　“道”，船橋本作“導”。
〔二〕　包父祖之見在也　“包”，船橋本作“苞”。
〔三〕　謂其祖考也　“也”，船橋本作“之”。
〔四〕　則四方……法則之也　後“之”字，船橋本無。

聖治章第十 [一]

〔一〕經一百四十一字 [一]。

曾子曰："敢問聖人之德，亡以加於孝乎 [二]？" [一]
子曰："天地之性，人爲貴。人之行莫大於孝，[二] 孝
莫大於嚴父，嚴父莫大於配天，則周公其人也。[三] 昔者，
周公郊祀后稷以配天，[四] 宗祀文王於明堂以配上帝。[五]
是以四海之内，各以其職來助祭 [三]。夫聖人之德，又何以加
於孝乎？ [六] 是故親生毓之 [四]，以養父母日嚴 [五]。[七] 聖人因
嚴以教敬，因親以教愛。[八] 聖人之教，不肅而成，其政不
嚴而治，其所因者，本也。" [九]

〔一〕曾子聞明王以孝道化天下，如上章之詳。故知聖人建德無以
　　尚於孝矣 [六]。

〔二〕性，生也。言凡生天地之間，含氣之類，人最其貴者也。正
　　君臣上下之誼，篤父子、兄弟、夫妻之道，辨男女、内外、
　　疏數之節，章明福慶，示以廉恥，所以爲貴也。孝者，德之
　　本，教之所由生也。故人之行莫大於孝焉。

〔三〕嚴，尊也。言爲孝之道，無大於尊嚴其父，以配祭天帝者。

〔一〕經一百四十一字　此七字船橋本作"一百四十字"。

〔二〕亡以加於孝乎　"亡"，大足本作"其無"。

〔三〕各以其職來助祭　此句船橋本作"各以其職來祭"。

〔四〕是故親生毓之　"毓之"大足本作"之膝下"。

〔五〕以養父母日嚴　"日"，船橋本、足利本作"曰"。

〔六〕故知聖人……孝矣　"矣"，船橋本作"也"。後仿此者皆不出校。

44

周公親行此，莫大之誼，故曰則其人也。

［四］凡禘、郊、祖、宗，皆祭祀之別名也。天子祭天，周公攝政制之祀典也。於祭天之時〔一〕，后稷佑坐而配食之也。

［五］上言郊祀，此言宗祀，取名雖殊，其誼一也〔二〕。明堂，禮誼之堂〔三〕，即周公相成王，所以朝諸侯者也〔四〕。上帝，亦天也。文王於明堂，后稷於圜丘也。

［六］人主以孝道化民，則民一心而奉其上。萬姓之事，固非用威烈，以忠愛也。周公秉人君之權，操必化之道〔五〕，以治必用之民，處人主之勢，以御必服之臣，是以教行而下順。海內公侯，奉其職貢，咸來助祭，聖孝之極也，復何以加之孝乎〔六〕？

［七］育之者，父母也。故其敬父母之心，生於育之恩。是以愛養其父母，而致尊嚴焉。

［八］言其不失於人情也。其因有尊嚴父母之心，而教以愛敬，所以愛敬之道成，因本有自然之心也。

［九］凡聖人設教，皆緣人之本性，而道達之也〔七〕。故不加威肅而教成，不加嚴刑而政治，以其皆因人之本性故也。

〔一〕　於祭天之時　船橋本無“於”字。

〔二〕　其誼一也　“誼”，船橋本作“儀”。

〔三〕　禮誼之堂　“誼”，船橋本作“義”。

〔四〕　所以朝諸侯者也　船橋本無“以”字。

〔五〕　操必化之道　“操”，船橋本作“採”。

〔六〕　復何以加之孝乎　此句船橋本作“復何以加孝乎也”。

〔七〕　而道達之也　“道”，船橋本作“導”。

父母生績章第十一 ^{〔一〕}

〔一〕經三十字。

子曰："父子之道，天性也，^{〔一〕}君臣之誼也^{〔一〕}。^{〔二〕}父母生之，績莫大焉。君親臨之，厚莫重焉。"^{〔三〕}

〔一〕言父慈而教，子愛而箴，愛敬之情，出於中心，乃其天性，非因篤也^{〔二〕}。

〔二〕親愛相加，則爲父子之恩。尊嚴之，則有君臣之誼焉^{〔三〕}。此又所以爲兼之事也^{〔四〕}。

〔三〕績，功也。父母之生子，撫之育之，顧之復之，攻苦之功，莫大焉者也^{〔五〕}。有君親之愛，臨長其子，恩情之厚，莫重焉者也。凡上之所施於下者厚，則下之報上亦厚。厚薄之報，各從其所施。薄施而厚饋，雖君不能得之於臣，雖父不能得之於子。民之從於厚，猶飢之求食，寒之欲衣，厚則歸之，薄則去之，有由然也。

〔一〕君臣之誼也 "誼"，大足本作 "義"。

〔二〕非因篤也 "因"，船橋本作 "由"。

〔三〕則有君臣之誼焉 "誼"，船橋本作 "義"。

〔四〕此又所以爲兼之事也 此句船橋本作 "是又所以爲兼事也"。

〔五〕莫大焉者也 "莫"，船橋本作 "無"。

孝優劣章第十二^[一]

［一］經一百二十字。

　　子曰："不愛其親，而愛他人者，謂之悖德；不敬其親，而敬他人者，謂之悖禮。^[一]以訓則昏^{〔一〕}，民亡則焉。^[二]不宅於善^{〔二〕}，而皆在於凶德^[三]，^[三]雖得志^[四]，君子弗從也^[五]。^[四]君子則不然，^[五]言思可道^[六]，行思可樂^[七]，^[六]德誼可尊^[八]，作事可法，^[七]容止可觀，進退可度，^[八]以臨其民，是以其民畏而愛之，則而象之。^[九]故能成其德教，而行其政令^[九]。^[一〇]《詩》云：'淑人君子，其儀不忒。'"^[一一]

　　［一］盡愛敬之道，以事其親，然後施之於人，孝之本也。違是
　　　　道，則悖亂德禮也。
　　［二］夫德禮不易，靡人不懷；德禮之悖，人莫之歸，故以訓民則
　　　　昏亂。昏亂之教，則民無所取法也^{〔一〇〕}。
　　［三］宅，居也。孝弟敬順爲善德，昏亂無法爲凶德。不愛其親，

〔一〕　以訓則昏　此句大足本作"以順則逆"。
〔二〕　不宅於善　"宅"，大足本作"在"。
〔三〕　而皆在於凶德　此句大足本無"而"字。
〔四〕　雖得志　"志"，大足本作"之"。
〔五〕　君子弗從也　此句大足本作"君子所不貴"。
〔六〕　言思可道　"思"，大足本、船橋本作"斯"。
〔七〕　行思可樂　"思"，大足本作"斯"，延享本作"恐"。
〔八〕　德誼可尊　"誼"，大足本作"義"。
〔九〕　而行其政令　大足本無"其"字。
〔一〇〕　則民無所取法也　"也"，船橋本作"矣"。

非孝弟也。不敬其親，非敬順也。故曰不居於善，皆在於凶
德也〔一〕。

[四] 得志，謂居位行德也。不誼而富貴〔二〕，於我如浮雲。無潤澤
於萬物，故君子弗從。以言邦無善政，不昧食其祿也〔三〕。

[五] 既不爲悖德悖禮之事，又不爲苟求富貴也。

[六] 言則思忠，行則思敬，不虛言行也。思可道之言〔四〕，然後乃
言，言必信也。思可行之事，然後乃行，行必果也。合乎先
王之法言，故可道〔五〕；合乎先王之德行，故可行也。

[七] 立德行誼〔六〕，不違道正，故可尊也。制作事業，動得物宜，
故可法也。

[八] 容止，威儀也。進退，動靜也。正其衣冠，尊其瞻視，俯仰
曲折，必合規矩，則可觀矣。詳其舉止，審其動靜，進退周
旋，不越禮法，則可度矣。度者，其禮法也。

[九] 以者，以君子言行、德誼〔七〕、進退之事也。整齊嚴栗，則民
畏之。溫良寬厚，則民愛之。畏之則用，愛之則親，民親而
用，則君道成矣。君有君之威儀，則臣下則而象之，故其在
位可畏，施舍可愛，進退可度，周旋可則，容止可觀，作事
可法，德誼可象〔八〕，聲氣可樂，動作有文，言語有章，以臨
其民，謂之有威儀也。

―――――

〔一〕 皆在於凶德也　此句船橋本作“皆在於凶德矣也”。

〔二〕 不誼而富貴　“誼”，船橋本作“義”。

〔三〕 不昧食其祿也　此句船橋本作“不昧食祿矣也”。

〔四〕 思可道之言　“道”，船橋本作“導”。

〔五〕 故可道　“道”，船橋本作“導”。

〔六〕 立德行誼　“誼”，船橋本作“義”。

〔七〕 以君子言行德誼　“誼”，船橋本作“義”。

〔八〕 德誼可象　“誼”，船橋本作“儀”。

［一〇］上正身以率下〔一〕，下順上而不違，故德教成而政令行也。教成政行，君能有其國家。令聞長世，臣能守其官職、保族供祀。順是以下皆若是，是以上下能相固也。

［一一］《國風·曹詩·尸鳩》之章也〔二〕。言善人君子之於威儀無差忒，所以明用上誼也〔三〕。

〔一〕　上正身以率下　此句船橋本作"上率身以正下"。

〔二〕　國風曹詩尸鳩之章也　此句船橋本無"之"字。

〔三〕　所以明用上誼也　"誼"，船橋本作"義"。

紀孝行章第十三 ^{〔一〕}

〔一〕經九十三字 ^{〔一〕}。

子曰："孝子之事親也，^{〔一〕}居則致其敬，養則致其樂，^{〔二〕}疾則致其憂 ^{〔二〕}，喪則致其哀，祭則致其嚴。^{〔三〕}五者備矣，然後能事其親 ^{〔三〕}。^{〔四〕}事親者，居上不驕，爲下不亂 ^{〔四〕}，在醜不爭。^{〔五〕}居上而驕則亡，爲下而亂則刑，在醜而爭則兵。^{〔六〕}此三者不除，雖日用三牲之養 ^{〔五〕}，猶爲不孝也 ^{〔六〕}。"^{〔七〕}

〔一〕條說所以事親之誼也 ^{〔七〕}。

〔二〕謂虔恭朝夕，盡其歡愛，和顏說色，致養父母，孝敬之節也。

〔三〕父母有疾，憂心慘悴，卜禱嘗藥，食從病者，衣冠不解，行不正履，所謂致其憂也。親既終没 ^{〔八〕}，思慕號咷，斬衰歠粥，卜兆祖葬，所謂致其哀也。既葬後反，虞、祔、練、祥之祭及四時吉祀，盡其齊敬之心，又竭其尊肅之敬 ^{〔九〕}，所謂

〔一〕 經九十三字 此句船橋本作"九十四字"。

〔二〕 疾則致其憂 "疾"，大足本作"病"。

〔三〕 然後能事其親 此句大足本無"其"字。

〔四〕 爲下不亂 此句船橋本、足利本作"爲下而不亂"。

〔五〕 雖日用三牲之養 此句足利本作"雖日用三牲養之"。

〔六〕 猶爲不孝也 "猶"，大足本作"猶"。

〔七〕 條說所以事親之誼也 "誼"，船橋本作"義"。

〔八〕 親既終没 "没"，船橋本作"歿"。

〔九〕 又竭其尊肅之敬 此句船橋本無"又"字。

致其嚴也。

［四］五者，奉生之道三，事死之道二，備此五者之誼〔一〕，乃可謂
能事其親也。

［五］上，上位也。醜，群類也。不驕，善接下也。不亂，奉上命
也。不爭，務和順也。

［六］驕而無禮，所以亡也。亂而不恭，所以刑也。爭而不讓，所
以兵也，謂兵刃見及也。

［七］三者，謂驕、亂、爭也。不除，言在身也。三牲，牛、羊、
豕也。繇，固也。三者在身，死亡將至，既自受禍，父母蒙
患，雖日用三牲供養，固爲不孝也。

〔一〕 備此五者之誼　“誼”，船橋本作“義”。

五刑章第十四 [一]

子曰："五刑之屬三千，[一] 而辠莫大於不孝 [一]。[二] 要君者亡上，非聖人者亡法，非孝者亡親，[三] 此大亂之道也。"[四]

[一] 五刑，謂墨、劓、剕、宮、大辟也。其三千條，墨辟之屬千，刻其顙，墨之也；劓辟之屬千，截其鼻也 [二]；剕辟之屬五百，斷其足也；宮辟之屬三百，割其勢也；大辟之屬二百，死刑也。凡五刑之屬，三千也 [三]。

[二] 言不孝之辠 [四]，大於三千之刑也。辠者 [五]，謂居上而驕，爲下而亂，在醜而爭之比也。

[三] 要，謂約勒也。君者，所以稟命也。而要之，此有無上之心者也。聖人制法，所以爲治也。而非之，此有無法之心者也。孝者，親之至也。而非之，此有無親之心者也。三者皆不孝之甚也。

[四] 此無上、無法、無親也。言其不恥、不仁、不畏、不誼 [六]，爲大亂之本，不可不絕也。凡爲國者，利莫大於治，害莫大於亂。亂之所生，生於不祥。上不愛下，下不供上，則不祥

〔一〕 而辠莫大於不孝　"辠"，大足本作"罪"，船橋本、足利本作"辜"。

〔二〕 截其鼻也　"鼻"，船橋本作"肌"。

〔三〕 三千也　此句船橋本作"三千矣也"。

〔四〕 言不孝之辠　"辠"，船橋本作"罪"。

〔五〕 辠者　"辠"，船橋本作"辜"。

〔六〕 言其不恥不仁不畏不誼　"誼"，船橋本作"義"。

也。群臣不用禮誼〔一〕，則不祥也。有司離法而專違制，則不祥也。故法者，至道也，聖君之所以爲天下儀，存亡治亂之所出也，君臣上下皆發焉。是以明王置儀設法而固守之，卿相不得存其私，群臣不得便其親。百官之事案以法，則姦不生。暴慢之人繩以法，則禍亂不起。夫能生法者，明君也。能守法者，忠臣也。能從法者，良民也。

〔一〕　群臣不用禮誼　“誼”，船橋本作“義”。

廣要道章第十五^[一]

[一] 經八十一字。

　　子曰："教民親愛，莫善於孝。^[一]教民禮順，莫善於弟。^[二]移風易俗，莫善於樂。^[三]安上治民，莫善於禮。^[四]禮者，敬而已矣。^[五]故敬其父則子說，敬其兄則弟說，^[六]敬其君則臣說，敬一人而千萬人說。^[七]所敬者寡而說者眾。此之謂要道也^{〔一〕}。"^[八]

[一] 孝者，愛其親以及人之親。孝行著，而愛人之心存焉。故欲民之相親愛，則無善於先教之以孝也。

[二] 弟者，敬其兄以及人之長。能弟者，則能敬順於人者也。故欲民之以禮相順，則無善於先教之以弟也。

[三] 風，化也。俗，常也。移太平之化，易衰弊之常也。樂，五聲之主，盪滌人之心，使和易專一，由中情出者也。故其聞之者，雖不識音，猶屏息靜聽，深思遠慮。其知音，則循宮、商而變節^{〔二〕}，隨角、徵以改操，是以古之教民，莫不以樂，以皆爲無尚之故也。

[四] 言禮，最其善孝弟之實用也。國無禮，則上下亂而貴賤爭，賢者失所，不肖者蒙幸。是故明王之治，崇等禮以顯之，設爵級以休之，班祿賜以勸之，所以政成也^{〔三〕}。

〔一〕 此之謂要道也　"此之"，船橋本無"之"，足利本作"之此"。

〔二〕 則循宮商而變節　"循"，船橋本作"修"。

〔三〕 所以政成也　此句船橋本作"所以政成焉也"。

54

〔五〕禮主於敬，敬出於孝弟，是故禮經三百，威儀三千，皆殊事
而合敬，異流而同歸也。

〔六〕此言先王以子、弟、臣道化天下，而天下子、弟、臣説喜
也。教之以孝，是敬其父；教之以弟，是敬其兄；教之以
臣，是敬其君也。

〔七〕上説所以施敬之事，此總而言也。一人者，各謂其父、兄、
君。千萬人者，羣子、弟及臣也。

〔八〕寡，謂一人也。衆，謂千萬人也。以孝道化民，此其要者
矣，所以説成敬一人之誼也〔一〕。

〔一〕 所以説成敬一人之誼也　“誼”，船橋本作“義”。

廣至德章第十六 [一]

[一] 經八十三字。

子曰："君子之教以孝也，非家至而日見之也。[一] 教以孝 [一]，所以敬天下之爲人父者也。[二] 教以弟，所以敬天下之爲人兄者也。[三] 教以臣，所以敬天下之爲人君者。[四]《詩》云：'愷悌君子 [二]，民之父母。'[五] 非至德，其孰能訓民如此其大者乎 [三]！"[六]

[一] 此又所以申明上章之誼焉 [四]。言君子之教民以孝，非家至而日見語之也。君子，亦謂先王也 [五]。夫蛟龍得水，然後立其神；聖人得民，然後成其化也。

[二] 所謂敬其父則子説也，以孝道教，即是敬天下之爲人父者也。

[三] 所謂敬其兄則弟説也，以弟道教，即是敬天下之爲人兄者也。

[四] 所謂敬其君則臣説也，以臣道教，即是敬天下之爲人君者也。古之帝王，父事三老，兄事五更，君事皇尸，所以示子、弟、臣人之道也。及其養國老，則天子袒而割牲，執醬

〔一〕 教以孝　此句足利本作"教以孝者"。

〔二〕 愷悌君子　"愷悌"，大足本作"豈弟"。

〔三〕 其孰能訓民如此其大者乎　"訓"，大足本作"順"。

〔四〕 此又所以申明上章之誼焉　"誼"，船橋本作"義"。

〔五〕 亦謂先王也　"亦"，船橋本作"又"。

而饋之[一]，執爵而酳之，盡忠敬於其所尊，以大化天下焉。皇，君也。事尸者，謂祭之象者也[二]，尸即所祭之像[三]，故臣子致其尊嚴也。三老者，國之舊德賢俊而老，所從問道誼，故有三人焉。五更者，國之臣更習古事，博物多識，所從諮道訓，故有五人焉。

[五]《詩·大雅·泂酌》之章也。愷，樂。悌，易也。言君子敬以居身，樂易于人，其貴老慈幼，忠愛之心，似民之父母。故以此詩明之也。

[六]孝之爲德，其至矣。故非有孝德，其誰能以孝教民如此其大者乎？言數德以化下，下皆順而從之也。

〔一〕　執醬而饋之　"醬"，船橋本作"漿"。

〔二〕　謂祭之象者也　"象"，船橋本作"像"。

〔三〕　尸即所祭之像　"像"，船橋本作"象"。

應感章第十七 [一]

［一］經一百十三字〔一〕。

　　子曰："昔者明王，事父孝，故事天明；事母孝，故事地察。[一] 長幼順，故上下治。[二] 天地明察，鬼神章矣〔二〕。[三] 故雖天子，必有尊也。言有父也，必有先也；言有兄也，必有長也〔三〕。[四] 宗廟致敬，不忘親也。修身慎行，恐辱先也〔四〕。[五] 宗廟致敬，鬼神著矣。[六] 孝弟之至，通於神明，光於四海，亡所不曁〔五〕。[七]《詩》云：'自東自西〔六〕，自南自北，亡思不服。'"[八]

　　［一］孝，謂立宗廟，豐祭祀也。王者，父事天，母事地，能追孝其父母，則事天地不失其道。不失其道，則天地之精爽明察矣。

　　［二］謂克明厥德，以親九族也。長者於王，父兄之列也。幼者於王，子弟之屬也。能順其長幼之節，則親疏有序，而以之化天下，上下不亂也。

　　［三］章，著也。天地既明察，則鬼神之道不得不著也，謂人神不

〔一〕 經一百十三字　此六字船橋本作"一百九字，或本百十二字"。
〔二〕 鬼神章矣　此句大足本作"神明彰矣"。
〔三〕 必有長也　此句大足本無。
〔四〕 恐辱先也　此句足利本作"恐辱先祖也"。
〔五〕 亡所不曁　"曁"，大足本作"通"。
〔六〕 自東自西　此句大足本作"自西自東"。

擾，各順其常，禍災不生也。

［四］更申覆上誼也〔一〕。天子雖尊，猶尊父。事死如事生，宗廟致
　　　敬是也。

［五］説所以事父母之道也。立廟設主，以象其生存。潔齊敬祀，
　　　以追孝繼思。脩行揚名，以顯明祖考。皆孝敬之事也。所以
　　　不敢不勉爲之者，恐辱其先祖故也。

［六］上句言天地明察，鬼神以章，此句言宗廟致敬，鬼神以著。
　　　言上下各致敬，以祀其先人，則鬼神有所依歸，不相干犯
　　　也。言無凶癘也。

［七］光，充也。曁，及也。明主以孝治天下，則癘鬼爲之不神。
　　　不神者，不爲患害也。其精神徵應如此，故曰通於神明。又
　　　充塞于天地之閒焉，無所不及，言普洽也。

［八］《詩·大雅·文王有聲》之章也。美武王孝德之至，而四
　　　方皆來服從，與光于四海，無所不曁。誼同，故舉以明此
　　　誼也〔二〕。

〔一〕　更申覆上誼也　“誼”，船橋本作“義”。
〔二〕　誼同故舉以明此誼也　此句兩“誼”字，船橋本均作“義”。

廣揚名章第十八 ^[一]

^[一] 經四十四字^{〔一〕}。

子曰："君子事親孝^[二]，故忠可移於君；^[一]事兄弟，故順可移於長；^[二]居家理，故治可移於官。^[三]是以行成於內^[三]，而名立於後世矣^[四]。"^[四]

[一] 能孝於親，則必能忠於君矣。求忠臣必於孝子之門也。

[二] 善事其兄，則必能順於長矣。忠出于孝，順出於弟，故可移事父兄之忠順，以事於君長也。

[三] 能理於家者，則其治用可移於官。君子之於人，內觀其事親，所以知其事君。內察其治家，所以知其治官。是以言治者，必效之以其實^{〔五〕}；譽人者，必試之以其官。故虛言不敢自進，不肖不敢處官也。

[四] 孝弟之行，事父兄也，而忠順出焉。能理于其家，閨門事也，而治官出焉。所謂行成於內，而名立於後世也。昔虞舜生於

〔一〕 經四十四字　此五字船橋本作"四十三字"。

〔二〕 君子事親孝　此句大足本作"君子之事親孝"。

〔三〕 是以行成於內　此句大足本作"是故行成於內"。

〔四〕 而名立於後世矣　大足本無"世"字。

〔五〕 必效之以其實　"效"，船橋本作"効"。

畎畝[一]，父頑，母囂，弟又很傲[二]，用能理率行孝道，烝烝不怠[三]。天下推之，萬姓詠之，彌歷千載而聲聞不亡[四]，所謂揚名後世以顯父母也。

〔一〕　昔虞舜生於畎畝　“畎畝”，船橋本作“畎畝”。

〔二〕　弟又很傲　“傲”，船橋本作“傲”。

〔三〕　烝烝不怠　“烝烝”，船橋本作“蒸蒸”。

〔四〕　彌歷千載而聲聞不亡　“彌”，船橋本作“弥”。

閨門章第十九 ^[一]

[一] 經二十四字。

 子曰："閨門之内，具禮矣乎！^[一] 嚴親嚴兄^[一]。^[二] 妻子臣妾，繇百姓徒役也^[二]。"^[三]

[一] 上章陳孝道既詳，故於此都目其爲具禮矣。夫禮，經國家，定社稷，厚人民，利後嗣者也。君子脩孝於閨門，而事君、事長以治官之誼備存焉^[三]。

[二] 所以言具禮之事也。嚴親，孝。嚴兄，弟也。孝以事君，弟以事長，而忠順之節著矣。

[三] 臣，謂家臣僕也。故家人有嚴君焉，父之謂也。父謂嚴君，而兄爲尊長，則其妻子臣妾，猶百姓徒役。是故君子役私家之内，而君人之禮具矣。

〔一〕 嚴親嚴兄 "親"，<u>大足</u>本作"父"。

〔二〕 繇百姓徒役也 "繇"，<u>船橋</u>本作"猶"。

〔三〕 而事君……備存焉 此句<u>船橋</u>本作"而事君事長以治官之義備"。

諫爭章第二十 ^[一]

〔一〕 經一百四十八字〔一〕。

    曾子曰：“若夫慈愛、龔敬^[二]、安親、揚名，參聞命矣。^[一]敢問子從父之命^[三]，可謂孝乎？”^[二]

    子曰：“參，是何言與^[四]？是何言與？言之不通邪^[五]？^[三]昔者，天子有爭臣七人，^[四]雖亡道，不失天下^[六]。^[五]諸侯有爭臣五人，^[六]雖亡道，不失其國。^[七]大夫有爭臣三人，^[八]雖亡道，不失其家。^[九]士有爭友，則身不離於令名。^[一〇]父有爭子，則身不陷於不誼^[七]。^[一一]故當不誼^[八]，則子不可以不爭於父^[九]，^[一二]臣不可以不爭於君^[一〇]。^[一三]故當不誼則爭之^[一一]。從父之命^[一二]，又安得爲孝乎^[一三]！”^[一四]

〔一〕 經一百四十八字 此七字船橋本作“一百四十九字”。

〔二〕 若夫慈愛龔敬 “龔”，大足本作“恭”。

〔三〕 敢問子從父之命 此句大足本作“敢問從父之令”。

〔四〕 參是何言與 大足本無“參”字。

〔五〕 言之不通邪 “邪”，船橋本、足利本作“耶”。此句大足本無。

〔六〕 不失天下 此句大足本作“不失其天下”。

〔七〕 則身不陷於不誼 “誼”，大足本、船橋本、足利本作“義”。

〔八〕 故當不誼 “誼”，大足本作“義”。

〔九〕 則子不可以不爭於父 “於”，船橋本作“于”。“不爭”，大足本作“弗爭”。

〔一〇〕 臣不可以不爭於君 “不爭”，大足本作“弗爭”。

〔一一〕 故當不誼則爭之 “誼”，大足本作“義”。

〔一二〕 從父之命 “命”，大足本作“令”。

〔一三〕 又安得爲孝乎 此句大足本作“焉得爲孝乎”。

［一］慈愛者，所以接下也。恭敬者，所以事上也。安親、揚名者，孝子之行也。<u>曾子稱名曰參，既得聞此命也</u>〔一〕。

［二］疑思問也。夫親愛禮順，非違命之謂也，以爲於誼有闕〔二〕，是以問焉。

［三］再言之者，非之深也。可否相濟，謂之和；以水濟水，謂之同。和實生民，同則不繼。務在不違，同也；從是爭非，和也。<u>曾子魯鈍，不推致此誼</u>〔三〕，故謂之不通也。

［四］七人，謂三公及前疑、後丞〔四〕、左輔、右弼也。凡此七官，主諫正天子之非也。

［五］無道者，不循先王之至德要道也〔五〕。不失天下，言從諫也。帝王之事，一日萬機。萬機有闕，天子受之禍。故立諫爭之官，以匡己過，過而能改，善之大者也。故凡諫，所以安上，猶食之肥體也〔六〕。主逆諫則國亡，人咈食則體瘠也。

［六］自上以下，降殺以兩〔七〕，故五人。五人，謂天子所命之孤、卿，及國之三卿與大夫也。

［七］誰非聖人，不能無愆，從諫如流，斯不亡失也。

［八］三人，謂家相〔八〕、宗老、側室也。

［九］皆謂能受正諫，善補過也。天子王有四海，故以天下爲稱。諸侯君臨百姓，故以國爲名。大夫祿食采邑，故以家爲

〔一〕　既得聞此命也　此句船橋本作“既得聞此命矣也”。

〔二〕　以爲於誼有闕　“誼”，船橋本作“義”。

〔三〕　不推致此誼　“誼”，船橋本作“義”。

〔四〕　謂三公及前疑後丞　“丞”，船橋本作“丞”。

〔五〕　不循先王之至德要道也　“循”，船橋本作“修”。

〔六〕　猶食之肥體也　“體”，船橋本作“躰”。

〔七〕　降殺以兩　“殺”，船橋本作“煞”。

〔八〕　謂家相　此句船橋本無“謂”字。

號〔一〕。凡此皆周之班制也。

［一〇］同志爲友。士以道誼相切磋者〔二〕，故有非則忠告之以善道〔三〕，謂之爭友。不離善名，言常在身也。

［一一］父有過，則子必安幾諫，見志而不從，起敬起孝，說顏說色〔四〕，則復諫也。又不從，則號泣而從之，終不使父陷于不誼而已〔五〕，則孝子之道也〔六〕。

［一二］當，值也。值父有不誼之事〔七〕，子不可以不諫爭也。

［一三］事君之禮，值其有非，必犯嚴顏，以道諫爭〔八〕。三諫不納，奉身以退。有匡正之忠，無阿順之從，良臣之節也。若乃見可諫而不諫，謂之尸位；見可退而不退，謂之懷寵。懷寵、尸位，國之姦人也。姦人在朝，賢者不進，苟國有患，則優俺、侏儒必起議國事矣，是謂人主毆國而捐之也。

［一四］從命不得爲孝，則諫爲孝矣。故臣子之於君父，值其不誼則必諫爭〔九〕，所以爲忠孝者也。重見當其不誼也〔一〇〕。夫臣能固爭，至忠；子能固諫，至孝也。人主忌忠，謂之不君；人父忌孝，謂之不父。忌忠孝，則大亂之本也。

〔一〕　故以家爲號　"號"，船橋本作"号"。

〔二〕　士以道誼相切磋者　"誼"，船橋本作"義"。"磋"，船橋本作"瑳"。

〔三〕　故有非則忠告之以善道　"道"，船橋本作"導"。

〔四〕　說顏說色　此句船橋本作"怡顏悦色"。

〔五〕　終不使父陷于不誼而已　"誼"，船橋本作"義"。

〔六〕　則孝子之道也　此句船橋本作"則孝子之道也矣"。

〔七〕　值父有不誼之事　"誼"，船橋本作"義"。

〔八〕　必犯嚴顏以道諫爭　此句船橋本作"犯嚴顏以道諫爭"。

〔九〕　值其不誼則必諫爭　"誼"，船橋本作"義"。

〔一〇〕　重見當其不誼也　"誼"，船橋本作"義"。

事君章第二十一 [一]

〔一〕經四十九字。

子曰："君子之事上也 [一]，[一] 進思盡忠，退思補過，[二] 將順其美，匡救其惡，[三] 故上下能相親也。[四]《詩》云：'心乎愛矣 [二]，遐不謂矣，[五] 忠心臧之 [三]，何日忘之？'" [六]

〔一〕上，謂君、父。此之謂君子，以德稱也。有君子之德，而在下位，固所以宜事君也。

〔二〕進見於君，則必竭其忠貞之節，以圖國事。直道正辭，有犯無隱，退還所職，思其事宜，獻可替否，以補主過，所以為忠君。有過而臣不行，謂之補過也。

〔三〕將，行也。宜行其法令，順之而不逆。君有過，臣舉言而匡之 [四]，救其邪僻之行 [五]，使不至於惡，此臣之所以為功也。故明王審言教以清法 [六]，案分職以課功。立功者賞 [七]，亂政者誅。誅賞之所加，各得其宜也。

〔四〕道主以先王之行 [八]，拯主於無過之地，君臣並受其福，上

〔一〕君子之事上也　此句大足本作"君子事上"。
〔二〕心乎愛矣　此句船橋本作"心之愛矣"。
〔三〕忠心臧之　此句大足本作"中心藏之"。
〔四〕臣舉言而匡之　此句船橋本作"舉言而匡之"。
〔五〕救其邪僻之行　"僻"，船橋本作"辟"。
〔六〕故明王審言教以清法　"王"，船橋本作"主"，船橋本改字與底本同。
〔七〕立功者賞　此句船橋本作"功立者賞"。
〔八〕道主以先王之行　"道"，船橋本作"導"。

66

下交和，所謂相親。是故詳才量能，講德而舉，上之道下也〔一〕。盡忠守節，謨明弼諧，下之事上也。爲人君而下知臣事，則有司不任。爲人臣而上專主行，則上失其威。是以有道之君，務正德以涖下〔二〕，而下不言知能之術。知能，下所以供上也。所以用知能者，上之道也。故不言知能，而政治者，善人舉官，人得視聽者衆也。夫人君坐萬物之源，而官諸生之職者也〔三〕。上有其道，下守其職，上下之分定也。

〔五〕遐不謂矣，言謂之也。君子心誠愛其上，則遠乎不以善事語之也〔四〕。

〔六〕君子忠心實善，則何日豈忘謂其上乎？言每欲語之也。君子事上，誼與《詩》同〔五〕，故取以明之。此《詩·小雅·隰桑》之章也。

〔一〕　上之道下也　此句船橋本作"上之道也"。
〔二〕　務正德以涖下　"涖"，船橋本作"莅"。
〔三〕　而官諸生之職者也　"官"，船橋本作"管"。
〔四〕　則遠乎不以善事語之也　此句船橋本作"則遠乎不以善事語也"。
〔五〕　誼與詩同　"誼"，船橋本作"義"。

喪親章第二十二^{〔一〕}

子曰："孝子之喪親也，^{〔一〕}哭不依^{〔一〕}，禮亡容，^{〔二〕}言不文，^{〔三〕}服美不安，^{〔四〕}聞樂不樂^{〔二〕}，食旨不甘，^{〔五〕}此哀戚之情也。^{〔六〕}三日而食，教民亡以死傷生也，^{〔七〕}毀不滅性，此聖人之正也^{〔三〕}。^{〔八〕}喪不過三年，示民有終也。^{〔九〕}爲之棺、椁^{〔四〕}、衣、衾以舉之^{〔五〕}；^{〔一〇〕}陳其簠、簋而哀戚之；^{〔一一〕}哭泣擗踊^{〔六〕}，哀以送之；卜其宅兆，而安措之^{〔七〕}；^{〔一二〕}爲之宗廟，以鬼享之^{〔八〕}；春秋祭祀^{〔九〕}，以時思之。^{〔一三〕}生事愛敬，死事哀戚^{〔一〇〕}，^{〔一四〕}生民之本盡矣，^{〔一五〕}死生之誼備矣^{〔一一〕}，^{〔一六〕}孝子之事終矣。"^{〔一七〕}

〔一〕父母没，斬衰居憂，謂之喪親也。

〔二〕斬衰之哭，其聲若往而不反，無依違餘音也。喪事質素，無

〔一〕哭不依　"依"，大足本作"偯"。

〔二〕聞樂不樂　此句船橋本作"聞樂弗懌"。

〔三〕此聖人之正也　此句大足本作"此聖人之政"。

〔四〕爲之棺椁　"椁"，船橋本作"槨"。後仿此者皆不出校。

〔五〕衣衾以舉之　"以"，大足本作"而"。

〔六〕哭泣擗踊　此句大足本作"擗踊哭泣"，此句船橋本作"哭泣躄踴"。

〔七〕而安措之　"措"，大足本作"厝"。

〔八〕以鬼享之　"享"，底本作"亨"，大足本、船橋本作"享"，據改。

〔九〕春秋祭祀　"祀"，大足本作"禮"。

〔一〇〕死事哀戚　"戚"，船橋本作"慼"。後仿此不出校。

〔一一〕死生之誼備矣　"誼"，大足本作"義"。

容儀，所以主於哀也〔一〕。

［三］發言不文飾其辭也。斬衰之言，唯而不對，所以爲不文也。

［四］夫唯不安，故不服也。美謂錦繡盛服也。先王制禮，稱情立文，凶服象其憂，吉服象其樂，各所以表飾中情也。是以衰麻在身，即有悲哀之色。端冕在身，即有矜莊之色。介胄在身，即有可畏之色也。

［五］旨，亦美也。其不樂，故不聽。不美，故不食。孝子思慕之至也。

［六］所以解上六句之誼〔二〕，明有内發，非虛加也。

［七］禮，親終哭踊無數，水漿不入口，毀竈不舉火。既斂之後，鄰里爲之饘粥，以飲食之。三日以終者，聖人立制足文理，不以死傷生也。

［八］孝子在喪，可以毀瘠。杖，然後起，而不可滅性。滅性，謂不勝喪而死。不勝喪，則此比於不孝〔三〕，此聖人之正制也。

［九］孝子有終身之憂，然三年之喪，二十五月而畢，服節雖闋，心弗之忘。若遂其本性，則是無窮也。故以禮取中，制爲三年，使賢者俯就，不肖者企及，所以示民有竟之限也。

［一〇］禮，爲死制椁，椁周於棺，棺周於衣，衣周於身。衣，即斂衣。衾，被也。舉尸内之棺椁也〔四〕。

［一一］簠簋，祭器，盛黍稷者。祭器陳列而不御〔五〕，黍稷潔盛而不毁，孝子所以重增哀戚也。

〔一〕　所以主於哀也　此句船橋本作“所以主於於哀也”。

〔二〕　所以解上六句之誼　“誼”，船橋本作“義”。

〔三〕　則此比於不孝　此句船橋本作“則比不孝”。

〔四〕　舉尸内之棺椁也　“尸”，船橋本作“屍”。

〔五〕　祭器陳列而不御　“列”，船橋本作“烈”。

［一二］搥心曰擗[一]，跳曰踊，所以泄哀也。男踊女擗[二]，哀以送之。送之，送墓。始死牖下[三]，浴於中霤，飯於牖下，斂於戶內，殯於客位[四]，祖奠於庭，送葬於墓，彌以即遠也。卜其葬地，定其宅兆。兆，謂塋域。宅，謂穴。措，置也。安置棺椁於其穴。卜葬地者[五]，孝子重慎，恐其下有伏石漏水，後爲市朝，遠防之也。

［一三］三年喪畢，立其宗廟，用鬼禮享祀之也[六]。言春則有夏，言秋則有冬，舉春秋而四時之誼存矣[七]。春雨既濡，君子履之，必有怵惕之心，感親而脩祭焉，所謂以時思之也。

［一四］父母生則事之以愛敬，死則事之以哀戚。糾撮上章之要也。

［一五］謂立身之道盡於《孝經》之誼也[八]。

［一六］事死事生之誼備於是也[九]。

［一七］言爲孝子之道終竟於此篇也。

通計《經》一千八百六十一字，《傳》八千七百九十四字

［一］搥心曰擗　　“擗”，船橋本作“擘”。

［二］男踊女擗　　“擗”，船橋本作“擘”。

［三］始死牖下　　此句船橋本作“始死於牖下”。

［四］殯於客位　　“客”，船橋本作“容”，船橋本改字與底本同。

［五］卜葬地者　　此句船橋本作“葬地者”。

［六］用鬼禮享祀之也　　此句船橋本作“而用鬼禮享祀也”。

［七］舉春秋而四時之誼存矣　　“誼”，船橋本作“義”。

［八］謂立身之道盡於孝經之誼也　　“誼”，船橋本作“義”。

［九］事死事生之誼備於是也　　“誼”，船橋本作“義”。

鄭注孝經

鄭注孝經序〔一〕

  《孝經》者，魯國先師姓孔，名丘，字仲尼。其父叔梁紇，後娶顏氏之女，久而無子，故祈於尼丘山而生孔子。其首返宇，像尼丘山，故名丘，字仲尼。有聖德，應聘諸國，莫能見用。當春秋之末，文武道墜，逆乱滋甚，篡弑由生。皇靈哀末代之黔黎，愍倉生之莫救，故命孔子，使述《六藝》，以待命主。有飛鳥遺文書於魯門，云：“秦滅法，孔經存。”孔子既覩此書，懸車止軿。魯哀公十一年，自衛歸魯，修《春秋》，述《易》道，乃刊《詩》《書》，定禮、樂，教於洙、泗之間，弟子四方之者三千餘人，受業身通達者七十二人。唯有弟子曾參，有至孝之性，故因閑居之中，爲説孝之大理。弟子録之，名曰《孝經》。

  夫孝者，蓋三才之經緯，五行之經紀，若無孝，則三才不成，五行悖序。是以在天則曰至德，在地則曰愍德，施之於人則曰孝德。故下文言“夫孝者，天之經，地之義，人之行”，三德同體而理明，蓋孝之殊途。經者，不易之稱，故曰《孝經》。

〔一〕 本序根據許建平整理的《孝經序》轉録，張湧泉主編、審訂：《敦煌經部文獻合集》第四册，《群經孝經之屬》，北京：中華書局，2008 年，第 1891 頁。

鄭注孝經

　　仲尼居，^[一]曾子侍。^[二]子曰："先王有至德要道，^[三]以順天下，民用和睦，上下無怨。^[四]汝知之乎？"

　　[一]仲尼，孔子字。
　　[二]曾子，孔子弟子也。
　　[三]子者，孔子。
　　[四]以，用也。睦，親也。至德以教之，要道以化之，是以民用
　　　　和睦，上下無怨也。

　　曾子避席曰："參不敏，何足以知之？"^[一]
　　子曰："夫孝，德之本也，^[二]教之所由生也。^[三]復坐，吾語汝。身體髮膚，受之父母，不敢毀傷，孝之始也。立身行道，揚名於後世，以顯父母，孝之終也。夫孝，始於事親，中於事君，終於立身。《大雅》云：'無念爾祖，聿修厥德。'"^[四]

　　[一]參，名也。參不達。
　　[二]人之行，莫大於孝，故曰德之本也。

75

〔三〕教人親愛，莫善於孝，故言教之所由生〔一〕。

〔四〕《大雅》者，《詩》之篇名。無念，無忘也。聿，述也。修，
　　治也。爲孝之道，無敢忘爾先祖，當修治其德矣。

（以上《開宗明義章第一》）〔二〕

　　子曰："愛親者，不敢惡於人。〔一〕敬親者，不敢慢於
人。〔二〕愛敬盡於事親，〔三〕而德教加於百姓，〔四〕形于四海。〔五〕
蓋天子之孝也。《呂刑》云：'一人有慶，兆民賴之。'"〔六〕

〔一〕愛其親者，不敢惡於他人之親。

〔二〕己慢人之親，人亦慢己之親。故君子不爲也。

〔三〕盡愛於母，盡敬於父。

〔四〕敬以直內，義以方外。故德教加於百姓也。

〔五〕形，見也。德教流行，見四海也。

〔六〕《呂刑》，《尚書》篇名。一人，謂天子。天子爲善，天下皆
　　賴之。

（以上《天子章第二》）

　　"在上不驕，高而不危。〔一〕制節謹度，滿而不溢。〔二〕
高而不危，所以長守貴也。〔三〕滿而不溢，所以長守富也。〔四〕
富貴不離其身，〔五〕然後能保其社稷，〔六〕而和其民人。〔七〕
蓋諸侯之孝也。《詩》云：'戰戰兢兢，如臨深淵，如履薄

〔一〕　故言教之所由生　此句末寬政本多一"也"字。後仿此者皆不出校。

〔二〕　開宗明義章第一　底本、知不足齋本皆無章名，寬政本有章名，整理者據寬政本
補於章後。後仿此者皆不出校。

冰。’”[八]

[一] 諸侯在民上，故言在上。敬上愛下，謂之不驕。故居高位，而不危殆也。

[二] 費用約儉，謂之制節。奉行天子法度，謂之謹度。故能守法而不驕逸也。

[三] 居高位能不驕，所以長守貴也。

[四] 雖有一國之財，而不奢泰，故能長守富。

[五] 富能不奢，貴能不驕，故云“不離其身”。

[六] 上能長守富貴，然後乃能安其社稷。

[七] 薄賦斂、省徭役，是以民人和也。

[八] 戰戰，恐懼。兢兢，戒慎。如臨深淵，恐墜。如履薄冰，恐陷。

（以上《諸侯章第三》）

“非先王之法服，不敢服；非先王之法言，不敢道；[一]非先王之德行，不敢行。[二]是故非法不言，[三]非道不行。[四]口無擇言，身無擇行。言滿天下無口過，行滿天下無怨、惡。三者備矣，然後能守其宗廟。[五]蓋卿、大夫之孝也。《詩》云：‘夙夜匪懈，以事一人。’”[六]

[一] 不合《詩》《書》，不敢道[一]。

[二] 不合禮樂，則不敢行。

〔一〕 不敢道　此句寬政本、知不足齋本作“則不敢道”。

［三］非《詩》《書》則不言。

［四］非禮樂則不行。

［五］法先王服，言先王道，行先王德，則爲備矣。

［六］夙，早也。夜，暮也。一人，天子也。卿、大夫當早起夜
臥，以事天子，勿懈惰。

（以上《卿大夫章第四》）

"資於事父以事母，而愛同；^{［一］}資於事父以事君，而敬同。^{［二］}故母取其愛，而君取其敬，兼之者父也。^{［三］}故以孝事君則忠，^{［四］}以敬事長則順。^{［五］}忠順不失，以事其上，^{［六］}然後能保其祿位，而守其祭祀。蓋士之孝也。《詩》云：'夙興夜寐，無忝爾所生。'"^{［七］}

［一］事父與母愛同，敬不同也。

［二］事父與君敬同，愛不同。

［三］兼，并也。愛與母同，敬與君同，并此二者，事父之道也。

［四］移事父孝以事於君，則爲忠也。

［五］移事兄敬以事於長，則爲順矣。

［六］事君能忠，事長能順，二者不失，可以事上也。

［七］忝，辱也。所生，謂父母。士爲孝，當早起夜臥，無辱其父
母也。

（以上《士章第五》）

78

"因天之道〔一〕，〔一〕分地之利，〔二〕謹身節用，以養父母，〔三〕此庶人之孝也。故自天子至于庶人，孝無終始，而患不及己者，未之有也。"〔四〕

〔一〕春生、夏長、秋收、冬藏，順四時以奉事天道。

〔二〕分別五土，視其高下，此分地利也。

〔三〕行不爲非爲謹身，富不奢泰爲節用，度財爲費，父母不乏也。

〔四〕總説五孝，上從天子，下至庶人，皆當孝無終始。能行孝道，故患難不及其身。未之有者，言未之有也〔二〕。

（以上《庶人章第六》）

曾子曰："甚哉！孝之大也。"〔一〕

子曰："夫孝，天之經也，〔二〕地之義也，〔三〕民之行也。〔四〕天地之經，而民是則之。〔五〕則天之明，〔六〕因地之利，〔七〕以順天下。是以其教不肅而成，〔八〕其政不嚴而治。〔九〕先王見教之可以化民也。〔一〇〕是故先之以博愛，而民莫遺其親；〔一一〕陳之以德義，而民興行；〔一二〕先之以敬讓，而民不爭；〔一三〕道之以禮樂，而民和睦；〔一四〕示之以好惡，而民知禁。〔一五〕《詩》云：'赫赫師尹，民具爾瞻〔三〕。'"

〔一〕因天之道　知不足齋本此句前有"子曰"。底本天頭邊框上沿有刻字批注："因上，舊有'子曰'二字，刪之。"

〔二〕底本天頭邊框上沿有刻字批注："'未'下九字恐有脱誤。"

〔三〕詩云赫赫師尹民具爾瞻　此句底本無，據寬政本、知不足齋本補。

〔一〕上從天子，下至庶人，皆當爲孝無終始，曾子乃知孝之
　　爲大。

〔二〕春秋冬夏，物有死生，天之經也。

〔三〕山川高下，水泉流通，地之義也。

〔四〕孝悌恭敬，民之行也。

〔五〕天有四時，地有高下，民居其間，當是而則之。

〔六〕則，視也。視天四時，無失其早晚也。

〔七〕因地高下所宜何等。

〔八〕以，用也。用天四時、地利順治天下，下民皆樂之，是以其
　　教不肅而成也。

〔九〕政不煩苛，故不嚴而治也。

〔一〇〕見因天地教，化民之易也。

〔一一〕先修人事，流化於民也。

〔一二〕上好義，則民莫敢不服也。

〔一三〕若文王敬讓於朝，虞、芮推畔于野，上行之，則下效
　　法之〔一〕。

〔一四〕上好禮，則民莫敢不敬。

〔一五〕善者賞之，惡者罰之，民知禁，不敢爲非也。

（以上《三才章第七》）

　　子曰：“昔者明王之以孝治天下，不敢遺小國之臣，〔一〕
而況於公、侯、伯、子、男乎？〔二〕故得萬國之歡心，以事
其先王。〔三〕治國者，不敢侮於鰥寡，而況於士民乎？〔四〕

〔一〕　則下效法之　此句知不足齋本作“則下效之法”。

故得百姓之歡心，以事其先君。治家者，不敢失於臣妾之心，而況於妻子乎？故得人之歡心，以事其親。夫然，故生則親安之，^[五]祭則鬼饗之，^[六]是以天下和平，^[七]灾害不生，^[八]禍亂不作。^[九]故明王之以孝治天下也如此。^[一〇]《詩》云：'有覺德行，四國順之。'"^[一一]

[一] 古者諸侯，歲遣大夫，聘問天子，天子待之以禮，此不遺小國之臣者也。

[二] 古者諸侯，五年一朝天子，天子使世子郊迎，蒭禾百車^{〔一〕}，以客禮待之。

[三] 諸侯五年一朝天子，各以其職來助祭宗廟，是得萬國之歡心，事其先王也。

[四] 治國者，諸侯也。

[五] 養則致其樂，故親安之也。

[六] 祭則致其嚴，故鬼饗之。

[七] 上下無怨，故和平。

[八] 風雨順時，百穀成熟。

[九] 君惠臣忠，父慈子孝，是以禍亂無緣得起也。

[一〇] 故上明王，所以灾害不生，禍亂不作。以其孝治天下，故致於此。

[一一] 覺，大也。有大德行，四方之國順而行之也。

（以上《孝治章第八》）

〔一〕 蒭禾百車　"蒭"，寬政本作"蒭"，知不足齋本作"芻"。

曾子曰："敢問聖人之德，無以加於孝乎？"

子曰："天地之性，人爲貴。[一]人之行莫大於孝，[二]孝莫大於嚴父，[三]嚴父莫大於配天，[四]則周公其人也。[五]昔者，周公郊祀后稷以配天，[六]宗祀文王於明堂，以配上帝。[七]是以四海之內，各以其職來祭。[八]夫聖人之德，又何以加於孝乎？[九]聖人因嚴以教敬[一]，因親以教愛。[一〇]聖人之教，不肅而成，[一一]其政不嚴而治，[一二]其所因者，本也。"[一三]

[一] 貴其異於萬物也。

[二] 孝者，德之本，又何加焉？

[三] 莫大尊嚴其父。

[四] 尊嚴其父，莫大於配天，生事愛敬，死爲神主也。

[五] 尊嚴其父配食天者，周公爲之。

[六] 郊者，祭天名。后稷者，周公始祖。

[七] 文王，周公之父。明堂，天子布政之宮。上帝者，天之別名。

[八] 周公行孝朝[二]，越裳重譯來貢[三]，是得萬國之歡心也。

[九] 孝悌之至，通於神明，豈聖人所能加？

[一〇] 因人尊嚴其父，教之爲敬，因親近於其父，教之爲愛，順人情也。

[一一] 聖人因人情而教民，民皆樂之，故不肅而成也。

〔一二〕其身正，不令而行，故不嚴而治。

〔一三〕本，謂孝也。

“父子之道，天性也，^{〔一〕}君臣之義也。^{〔二〕}父母生之，續莫大焉。^{〔三〕}君親臨之，厚莫重焉。”^{〔四〕}

〔一〕性，常也。

〔二〕君臣非有天性，但義合耳。

〔三〕父母生子，骨肉相連屬，復何加焉。

〔四〕君親擇賢，顯之以爵，寵之以祿，厚之至也。

“故不愛其親，而愛他人者，謂之悖德；^{〔一〕}不敬其親，而敬他人者，謂之悖禮。^{〔二〕}以順則逆，^{〔三〕}民無則焉。^{〔四〕}不在於善，而皆在於凶德。^{〔五〕}雖得之，君子所不貴^{〔一〕}。^{〔六〕}君子則不然，言思可道，^{〔七〕}行思可樂，^{〔八〕}德義可尊，^{〔九〕}作事可法，^{〔一〇〕}容止可觀，^{〔一一〕}進退可度，^{〔一二〕}以臨其民，是以其民畏而愛之，^{〔一三〕}則而象之。故能成其德教，而行其政令。《詩》云：‘淑人君子，其儀不忒。’”^{〔一四〕}

〔一〕人不能愛其親，而愛他人親者，謂之悖德。

〔二〕不能敬其親，而敬他人之親者，謂之悖禮也。

〔三〕以悖為順，則逆亂之道也。

〔四〕則，法。

〔五〕惡人不能以禮為善，乃化為惡。若桀、紂是也^{〔二〕}。

〔一〕君子所不貴　此句知不足齋本作“君子不貴也”。

〔二〕若桀紂是也　此句知不足齋本作“若桀、紂是為善”。

〔六〕不以其道，故君子不貴。

〔七〕君子不爲逆亂之道。言中《詩》《書》，故可傳道也。

〔八〕動中規矩，故可樂也。

〔九〕可尊法也。

〔一〇〕可法則也。

〔一一〕威儀中禮，故可觀。

〔一二〕難進而盡忠，易退而補過。

〔一三〕畏其刑罰，愛其德義。

〔一四〕淑，善也。忒，差也。善人君子威儀不差，可法則也。

（以上《聖治章第九》）

子曰："孝子之事親，居則致其敬，養則致其樂，〔一〕病則致其憂，喪則致其哀，祭則致其嚴。五者備矣，然後能事親。事親者，居上不驕，〔二〕爲下不亂，〔三〕在醜不爭。〔四〕居上而驕則亡，〔五〕爲下而亂則刑，〔六〕在醜而爭則兵。〔七〕三者不除，雖日用三牲之養，猶爲不孝。"〔八〕

〔一〕樂竭歡心以事其親。

〔二〕雖尊爲君而不驕也。

〔三〕爲人臣下，不敢爲亂也。

〔四〕醜，類也〔一〕。以爲善不忿爭。

〔五〕富貴不以其道，是以取亡也。

〔六〕爲人臣下好作亂，則刑罰及其身。

〔七〕朋友中好爲忿爭者，惟兵刃之道。

────────

〔一〕醜類也　寬政本、知不足齋本此句前有"忿爭爲醜"四字，底本無。

〔八〕夫愛親者，不敢惡於人之親，今反驕亂分爭〔一〕，雖日致三牲之養，豈得爲孝子。

（以上《孝行章第十》）

子曰："五刑之屬三千，〔一〕而罪莫大於不孝。要君者無上，〔二〕非聖人者無法，〔三〕非孝者無親，〔四〕此大亂之道也。"〔五〕

〔一〕五刑者，謂墨、劓、臏、宮、大辟也〔二〕。

〔二〕事君，先事而後食祿。今反要君，此無尊上之道。

〔三〕非侮聖人者，不可法。

〔四〕己不自孝，又非他人爲孝，不可親。

〔五〕事君不忠，侮聖人言，非孝者，大亂之道也。

（以上《五刑章第十一》）

子曰："教民親愛，莫善於孝。教民禮順，莫善於悌。移風易俗，莫善於樂。〔一〕安上治民，莫善於禮。〔二〕禮者，敬而已矣。〔三〕故敬其父，則子悅；敬其兄，則弟悅；敬其君，則臣悅；敬一人，而千萬人悅。所敬者寡，而悅者衆。〔四〕此之謂要道也。"〔五〕

〔一〕夫樂者，感人情。樂正則心正，樂淫則心淫也。

〔二〕上好禮則民易使。

〔一〕今反驕亂分爭　"分"，寬政本、知不足齋本作"忿"。

〔二〕謂墨劓臏宮大辟也　"宮"，寬政本、知不足齋本作"宮割"。底本天頭邊框上沿有刻字批注："'宮'下舊有'割'字，刪之。"

85

〔三〕敬，禮之本，有何加焉。

〔四〕所敬一人，是其少；千萬人悦，是其衆。

〔五〕孝悌以教之，禮樂以化之，此謂要道也。

（以上《廣要道章第十二》）

子曰："君子之教以孝，非家至而日見之也。〔一〕教以孝，所以敬天下之爲人父者也。〔二〕教以悌，所以敬天下之爲人兄者也。〔三〕教以臣，所以敬天下之爲人君者也。〔四〕《詩》云：'愷悌君子，民之父母。'〔五〕非至德，其孰能順民如此其大者乎！"〔六〕

〔一〕但行孝於内，流化於外也。

〔二〕天子父事三老〔一〕，所以敬天下老也〔二〕。

〔三〕天子兄事五更〔三〕，所以教天下悌也。

〔四〕天子郊則君事天，廟則君事尸，所以教天下臣。

〔五〕以上三者，教於天下，真民之父母。

〔六〕至德之君，能行此三者，教於天下也。

（以上《廣至德章第十三》）

子曰："君子之事親孝，故忠可移於君；〔一〕事兄悌，故順可移於長；〔二〕居家理，故治可移於官。〔三〕是以行成於内，而名立於後世矣。"

〔一〕天子父事三老　此句寬政本、知不足齋本作"天子無父，事三老"。

〔二〕所以敬天下老也　此句知不足齋本作"所以教天下孝也"。

〔三〕天子兄事五更　此句寬政本、知不足齋本作"天子無兄，事五更"。

〔一〕欲求忠臣，出孝子之門，故可移於君。

〔二〕以敬事兄則順，故可移於長也。

〔三〕君子所居則化，所在則治，故可移於官也。

（以上《廣揚名章第十四》）

曾子曰："若夫慈愛、恭敬、安親、揚名，則聞命矣。敢問子從父之命〔一〕，可謂孝乎？"

子曰："是何言與，是何言與？昔者，天子有爭臣七人，雖無道，不失其天下。〔一〕諸侯有爭臣五人，雖無道，不失其國。大夫有爭臣三人，雖無道，不失其家。〔二〕士有爭友，則身不離於令名。〔三〕父有爭子，則身不陷於不義〔二〕。故當不義則爭之。從父之命〔三〕，又焉得爲孝乎！"〔四〕

〔一〕七人者，謂大師、大保、大傅、左輔、右弼、前疑、後丞，維持王者，使不危殆。

〔二〕尊卑輔善〔四〕，未聞其官。

〔三〕令，善也。士卑無臣，故以賢友助己。

〔四〕委曲從父命，善亦從善，惡亦從惡，而心有隱，豈得爲孝乎？

（以上《諫爭章第十五》）

〔一〕 敢問子從父之命 "命"，知不足齋本作 "令"。

〔二〕 則身不陷於不義 寬政本、知不足齋本此句後有 "故當不義則子不可以不爭於父，臣不可以不爭於君" 二十一字，底本無。

〔三〕 從父之命 "命"，寬政本、知不足齋本作 "令"。

〔四〕 尊卑輔善 "善"，寬政本作 "差"。

子曰："昔者明王，事父孝，故事天明；^[一]事母孝，故事地察；^[二]長幼順，故上下治。^[三]天地明察，神明彰矣。^[四]故雖天子，必有尊也，言有父也；^[五]必有先也，言有兄也。^[六]宗廟致敬，不忘親也。^[七]修身慎行，恐辱先也。^[八]宗廟致敬，鬼神著矣。^[九]孝悌之至，通於神明，光于四海，無所不通。^[一〇]《詩》云：'自西自東^{〔一〕}，自南自北，無思不服。'"^[一一]

[一] 盡孝於父，則事天明。

[二] 盡孝於母，能事地察其高下，視其分察也。

[三] 卑事於尊，幼順於長，故上下治。

[四] 事天能明，事地能察，德合天地，可謂彰也。

[五] 雖貴爲天子，必有所尊，事之若父，三老是也。

[六] 必有所先，事之若兄，五更是也。

[七] 設宗廟，四時齋戒以祭之，不忘其親。

[八] 脩身者，不敢毀傷，慎行者，不歷危殆，常恐其辱先也^{〔二〕}。

[九] 事生者易，事死者難，聖人慎之，故重其文^{〔三〕}。

[一〇] 孝至於天，則風雨時；孝至於地，則萬物成；孝至於人，則重譯來貢，故無所不通也。

[一一] 孝道流行，莫敢不服。

（以上《應感章第十六》）

〔一〕 自西自東　此句寬政本作"自東自西"。

〔二〕 常恐其辱先也　"其"，寬政本、知不足齋本作"己"。

〔三〕 故重其文　此句知不足齋本作"故重文"。

子曰："君子之事上也，進思盡忠，退思補過，將順其美，匡救其惡，故上下能相親也〔一〕。〔一〕《詩》云：'心乎愛矣，遐不謂矣，中心藏之，何日忘之〔二〕。'"

〔一〕君臣同心，故能相親。

（以上《事君章第十七》）

子曰："孝子之喪親也，哭不偯，禮無容，言不文，服美不安，聞樂不樂，食旨不甘，此哀感之情也。三日而食，教民無以死傷生，毀不滅性，此聖人之政也。喪不過三年，示民有終也。爲之棺、椁、衣、衾而舉之；陳其簠、簋而哀感之；擗踴哭泣，哀以送之；卜其宅兆，而安措之；爲之宗廟，以鬼享之；春秋祭祀，以時思之。生事愛敬，死事哀感，生民之本盡矣，死生之義備矣，孝子之事親終矣。"〔三〕

（以上《喪親章第十八》）

〔一〕 故上下能相親也　此句知不足齋本作"故上下治能相親也"。底本天頭邊框上沿有刻字批注："'上下'下舊有'治'字，刪之。"
〔二〕 詩云心乎……何日忘之　此句底本無，據<u>寬政本</u>、<u>知不足齋本</u>補。
〔三〕 第十八章《喪親章》底本無，據<u>寬政本</u>、<u>知不足齋本</u>補。

89

御注孝經

開元御注孝經序

左散騎常侍軍麗正殿脩國史柱國武強縣開國公〔一〕

臣　元行沖　奉敕撰

大唐受命百有四年，皇帝君臨之十載也。赫矣皇業，康哉帝道。万方宅心，四隩來墍。握黄、炎、堯、禹之契，欽日月、星辰之序。提衡而運陰陽，法緯而張礼樂。車服必軌，聲明偕度，所以振國容焉。儀宿賦班，詳韜授律，所以清邦禁焉。配圓穹而比崇，帀環海而方大。无文咸秩，能事斯畢。惟德是經，惟刑之恤。笙鏞穆頌，鱗羽暉禎，申耕籍以勸農，飾膠庠而訓胄。優勞庶績，緝熙睿圖，聽政之餘，從容文史。緹紬緗竹，岳仞銅龍之殿；舒向嚴枚，雲驤金馬之闥。或散志篇述，或留情墳誥。以爲孝者德之本，教之所由生。夫子談經，文該旨頤；諸家所説，理薆詞繁。

爰命近臣，疇咨儒學，搜章摘句，究本尋源。練康成、安國之言，銓王肅、韋昭之訓，近賢新注，咸入討論。分別異同，比量疎密。惣編呈進，取正天心。每伺休閒，必親披校。滌除氛薈，搴摭菁華；寸長无遺，片善必舉。或削以存要，或足以圓文。其有義疑兩存，理翳千古，常情

所昧，玄鑒斯通。則獨運神襟，躬垂筆削，發明幽遠，剖析毫釐。目牛无全，示掌非著，累葉堅滯，一朝冰釋。

乃勑宰臣曰："朕以《孝經》德教之本也，自昔銓解，其徒寔繁，竟不能覈其宗，明其奧，觀斯蕪漫，誠亦病諸。頃與侍臣，參詳厥理，爲之訓注，冀闡微言。宜集學士儒官，僉議可否。"於是左散騎常侍、崇文館學士劉子玄，國子司業李元瓘，著作郎、弘文館學士胡皓，國子博士、弘文館學士司馬貞，左拾遺、太子侍讀潘元祚，前贊善大夫、鄂王侍讀魏處鳳，大學博士、郯王侍讀郗享，大學博士、陝王侍讀徐英哲，前千牛長史、鄖王侍讀郭謙光，國子助教、鄘王侍讀范行恭，及諸學官等，並鴻都碩德，當代名儒，咸集廟堂。恭尋聖義，捧對吟咀，探紬反覆。至于再，至三，動色相歡，昌言稱美，曰："大義堙鬱，垂七百年。皇上識洞玄樞，情融繫表；革前儒必固之失，道先王至要之源。守章、疏之常談，謂窮涯涘；覩蓬、瀛之奧理，方諭高深。伏請頒傳，希新耳目。"

侍中、安陽縣男源乾曜，中書令、河東縣男張嘉貞等奏曰："天文昭煥，洞合幽微；望即施行，佇光來葉。其《序》及《疏》，並委行沖脩撰。"制曰："可。"

伏以經言簡約，妙理精深；貴賤同珍，賢愚共習。故得上施黌埶，遠被蒼垠。至若象尼丘山，壞孔子宅；美曾參至孝之性，陳宣父述作之由。漢魏相沿，曾無異說；比經斠討，略不爲疑。凡諸發揮，序所作意；意既先見，今則不書。微臣朽老，猥職墳籍；思塗艱窒，才力昏無。震光曲臨，推謝理絕。晞大明而挹耀，顧宵燭而知慙。 勉課庸音，式遵明制；敢題經首，永贊鴻徽云尒。

天寶御注孝經序

御製序并注及書〔一〕

　　朕聞上古，其風朴略。雖因心之孝已萌，而資敬之禮猶簡。及乎仁義既有，親譽益著。聖人知孝之可以教人也，故因嚴以教敬，因親以教愛。於是以順移忠之道昭矣，立身揚名之義彰矣。子曰："吾志在《春秋》，行在《孝經》。"是知孝者德之本歟。《經》曰："昔者明王之以孝理天下也，不敢遺小國之臣，而況於公、侯、伯、子、男乎？"朕嘗三復斯言〔二〕，景行先哲。雖無德教加於百姓，庶幾廣愛形于四海〔三〕。

　　嗟乎！夫子没而微言絶，異端起而大義乖。況泯絶於秦，得之者皆煨燼之末；濫觴於漢，傳之者皆糟粕之餘。故魯史《春秋》，學開五《傳》，《國風》《雅》《頌》，分爲四《詩》。去聖逾遠，源流益別。近觀《孝經》舊註，踳駁尤甚。至於跡相祖述，殆且百家；業擅專門，猶將十室。希升堂者，必自開户牖；攀逸駕者，必騁殊軌轍。是以道隱小成，言隱浮僞。且傳以通經爲義，義以必當爲主。至當歸一，精義無二，安得不翦其繁蕪而撮其樞要也？韋昭、

95

王肅，先儒之領袖；虞飜、劉邵，抑又次焉。劉炫明安國之本，陸澄譏康成之註，在理或當，何必求人？

　　今故特舉六家之異同，會五《經》之旨趣，約文敷暢，義則昭然。分註錯經，理亦條貫，寫之琬琰，庶有補於將來。且夫子談經，志取垂訓，雖五孝之用則別，而百行之源不殊。是以一章之中，凡有數句；一句之內，意有兼明。具載則文繁，略之又義闕，今存于疏，用廣發揮。

御注孝經

開宗明義章第一

　　仲尼居，^{〔一〕}曾子侍。^{〔二〕}子曰："先王有至德要道，以順天下，民用和睦，上下無怨。^{〔三〕}汝知之乎？"

　　〔一〕仲尼，孔子字。居，謂閒居。

　　〔二〕曾子，孔子弟子。侍，謂侍坐^{〔一〕}。

　　〔三〕孝者，德之至、道之要也。言先代聖德之主，能順天下人
　　　　心，行此至要之化，則上下臣人和睦無怨。

　　曾子避席曰："參不敏，何足以知之？"^{〔一〕}
　　子曰："夫孝，德之本也，^{〔二〕}教之所由生也。^{〔三〕}復坐，吾語汝。^{〔四〕}身體髮膚，受之父母，不敢毀傷，孝之始也。^{〔五〕}立身行道，揚名於後世，以顯父母，孝之終也。^{〔六〕}夫孝，始於事親，中於事君，終於立身。^{〔七〕}《大雅》云：'無念爾祖，聿脩厥德^{〔二〕}。'"^{〔八〕}

　　〔一〕參，曾子名也。禮，師有問，避席起荅。敏，達也。言參不

〔一〕　侍謂侍坐　此句末開元本多一"也"字。後仿此者皆不出校。
〔二〕　聿脩厥德　"脩"，開元本作"循"。

97

達，何足知此至要之義。

［二］人之行莫大於孝，故爲德本。

［三］言教從孝而生。

［四］曾參起對，故使復坐。

［五］父母全而生之，己當全而歸之，故不敢毀傷。

［六］言能立身行此孝道，自然名揚後世，光榮其親〔一〕，故行孝以不毀爲先，揚名爲後。

［七］言行孝以事親爲始，事君爲中。忠孝道著，乃能揚名榮親，故曰終於立身也。

［八］《詩·大雅》也。無念，念也。聿，述也。厥，其也。義取恒念先祖，述脩其德。

〔一〕 自然名揚後世光榮其親　此句開元本作"自然光榮其親"。

天子章第二

　　子曰："愛親者，不敢惡於人。[一] 敬親者，不敢慢於人。[二] 愛敬盡於事親，而德教加於百姓，刑于四海。[三] 蓋天子之孝也。[四]《甫刑》云：'一人有慶，兆民賴之[一]。'"[五]

[一] 博愛也。

[二] 廣敬也。

[三] 刑，灋也。君行博愛廣敬之道[二]，使人皆不慢惡其親，則德教加被天下，當爲四夷之所法則也。

[四] 蓋，猶略也。孝道廣大，此略言之。

[五]《甫刑》，即《尚書·呂刑》也。一人，天子也。慶，善也。十億曰兆。義取天子行孝，兆人皆賴其善。

〔一〕兆民賴之　"民"，底本避唐太宗李世民諱而闕末筆，今補。後文"民"字皆避此諱，徑改不出校。

〔二〕君行博愛廣敬之道　"君"，開元本作"若"。

诸侯章第三

"在上不驕，高而不危。^[一]制節謹度，滿而不溢。^[二]高而不危，所以長守貴也。滿而不溢，所以長守富也。富貴不離其身，然後能保其社稷，而和其民人。^[三]蓋諸侯之孝也。《詩》云：'戰戰兢兢，如臨深淵^{〔一〕}，如履薄冰。'"^[四]

［一］諸侯，列國之君，貴在人上，可謂高矣。而能不驕，則免危也。

［二］費用約儉，謂之制節。慎行禮法，謂之謹度。無禮爲驕，奢泰爲溢。

［三］列國皆有社稷，其君主而祭之。言富貴常在其身，則長爲社稷之主，而人自和平也。

［四］戰戰，恐懼。兢兢，戒慎。臨深恐墜，履薄恐陷，義取爲君恒須戒慎^{〔二〕}。

〔一〕 如臨深淵 "淵"，底本避唐高祖李淵諱而闕末筆，今補。

〔二〕 義取爲君恒須戒慎 此句開元本作"義取爲君恒慎戒懼也"。

卿大夫章第四

"非先王之灋服，不敢服；^{〔一〕}非先王之灋言，不敢道；非先王之德行，不敢行。^{〔二〕}是故非灋不言^{〔一〕}，非道不行。^{〔三〕}口無擇言，身無擇行。^{〔四〕}言滿天下無口過，行滿天下無怨惡。^{〔五〕}三者備矣，然後能守其宗廟。^{〔六〕}蓋卿、大夫之孝也。《詩》云：'夙夜匪懈，以事一人。'"^{〔七〕}

〔一〕服者，身之表也。先王制五服，各有等差。言卿、大夫遵守禮灋，不敢僭上偪下。

〔二〕法言，謂禮法之言。德行，謂道德之行。若言非法，行非德，則虧孝道，故不敢也^{〔二〕}。

〔三〕言必守法，行必遵道^{〔三〕}。

〔四〕言行皆遵法道，所以無可擇也。

〔五〕禮法之言，焉有口過。道德之行，自無怨惡。

〔六〕三者，服、言、行也。禮，卿、大夫立三廟，以奉先祖。言能備此三者，則能長守宗廟之祀。

〔七〕夙，早也。懈，惰也。義取爲卿、大夫能早夜不惰，敬事其君也。

〔一〕是故非灋不言　"灋"，開成石經作"法"。後仿此者皆不出校。

〔二〕故不敢也　此句開元本作"故不敢爲也"。

〔三〕行必遵道　"遵"，開元本作"順"。

士章第五

"資於事父以事母，而愛同；資於事父以事君，而敬同。^{〔一〕}故母取其愛，而君取其敬，兼之者父也。^{〔二〕}故以孝事君則忠，^{〔三〕}以敬事長則順。^{〔四〕}忠順不失，以事其上，然後能保其祿位，而守其祭祀。^{〔五〕}蓋士之孝也。《詩》云：'夙興夜寐，無忝爾所生。'"^{〔六〕}

〔一〕資，取也。言愛父與母同，敬父與君同。

〔二〕言事父兼愛與敬也^{〔一〕}。

〔三〕移事父孝以事於君^{〔二〕}，則爲忠矣。

〔四〕移事兄敬以事於長，則爲順矣。

〔五〕能盡忠順以事君長，則常安祿位，永守祭祀。

〔六〕忝，辱也。所生，謂父母也。義取早起夜寐，無辱其親也。

〔一〕言事父兼愛與敬也　此句開元本作"兼謂有母之愛有君之敬"。

〔二〕移事父孝以事於君　此句開元本作"移事父孝以事君"。

庶人章第六

"用天之道，[一]分地之利，[二]謹身節用，以養父母。[三]此庶人之孝也。[四]故自天子至於庶人，孝無終始，而患不及者，未之有也[一]。"[五]

[一] 春生、夏長、秋收、冬藏，舉事順時，此用天道也。

[二] 分別五土，視其高下，各盡所宜，此分地利也。

[三] 身恭謹，則遠恥辱；用節省，則免飢寒[二]。公賦既充[三]，則私養不闕。

[四] 庶人為孝，唯此而已。

[五] 始自天子，終於庶人，尊卑雖殊，孝道同致，而患不能及者，未之有也。言無此理，故曰未有。

〔一〕 未之有也　此句開元本作"未有也"。

〔二〕 則免飢寒　此句開元本作"免飢寒"。

〔三〕 公賦既充　"充"，阮刻本與底本同，影宋岳氏本作"足"。

三才章第七

曾子曰："甚哉！孝之大也。"^[一]

子曰："夫孝，天之經也，地之義也，民之行也。^[二]天地之經，而民是則之。^[三]則天之明，因地之利，以順天下。是以其教不肅而成，其政不嚴而治。^[四]先王見教之可以化民也。^[五]是故先之以博愛，而民莫遺其親；^[六]陳之以德義^{〔一〕}，而民興行；^[七]先之以敬讓，而民不爭；^[八]導之以禮樂，而民和睦；^[九]示之以好惡，而民知禁。^[一〇]《詩》云：'赫赫師尹，民具爾瞻。'"^[一一]

［一］參聞行孝無限高卑，始知孝之爲大也。

［二］經，常也。利物爲義。孝爲百行之首，人之恒德，若三辰運天而有常，五土分地而爲義也。

［三］天有常明，地有常利，言人法則天地，亦以孝爲常行也。

［四］法天明以爲常，因地利以行義，順此以施政教，則不待嚴肅而成理也。

［五］見因天地教，化人之易也。

［六］君愛其親，則人化之，無有遺其親者。

［七］陳說德義之美，爲衆所慕，則人起心而行之^{〔二〕}。

［八］君行敬讓，則人化而不爭。

［九］禮以檢其跡，樂以正其心，則和睦矣^{〔三〕}。

〔一〕陳之以德義 "以"，阮刻本作"於"。

〔二〕則人起心而行之 "之"，開元本作"也"。

〔三〕則和睦矣 此句開元本作"則人和睦矣"。

［一〇］示好以引之，示惡以止之，則人知有禁令，不敢犯也。

［一一］赫赫，明盛皃也。尹氏爲太師，周之三公也。義取大臣助
　　　　君行化，人皆瞻之也。

孝治章第八 ^{〔一〕}

　　子曰：“昔者明王之以孝治天下也，^{〔一〕}不敢遺小國之臣，而況於公、侯、伯、子、男乎？^{〔二〕}故得万國之懽心，以事其先王。^{〔三〕}治國者，不敢侮於鰥寡，而況於士民乎？^{〔四〕}故得百姓之懽心，以事其先君。^{〔五〕}治家者，不敢失於臣妾，而況於妻子乎？^{〔六〕}故得人之懽心，以事其親。^{〔七〕}夫然，故生則親安之，祭則鬼享之，^{〔八〕}是以天下和平，災害不生，禍亂不作。^{〔九〕}故明王之以孝治天下也如此。^{〔一〇〕}《詩》云：‘有覺德行，四國順之。’”^{〔一一〕}

　　〔一〕言先代聖明之主^{〔二〕}，以至德要道化人，是爲孝理。

　　〔二〕小國之臣，至卑者耳，主尚接之以禮，況於五等諸侯，是廣敬也。

　　〔三〕万國，舉其多也^{〔三〕}。言行孝道以理天下，皆得懽心，則各以其職來助祭也。

　　〔四〕理國，謂諸侯也。鰥寡，國之微者，君尚不敢輕侮，況知禮義之士乎^{〔四〕}？

〔一〕孝治章第八　“治”，底本避唐高宗李治諱而闕末筆，今補。後文“治”字皆避此諱，徑改不出校。

〔二〕言先代聖明之主　“主”，影宋岳氏本、阮刻本作“王”。

〔三〕舉其多也　“多”，阮刻本與底本同，影宋岳氏本作“大數”。

〔四〕況知禮義之士乎　此句開元本作“無知禮義之士乎”。

〔五〕諸侯能行孝理，得所統之懽心〔一〕，則皆恭事助其祭享也〔二〕。

〔六〕理家，謂卿、大夫。臣妾，家之賤者。妻、子，家之貴者。

〔七〕卿、大夫位以材進，受祿養親，若能孝理其家，則得小大之懽心〔三〕，助其奉養。

〔八〕夫然者，然上孝理，皆得懽心，則存安其榮，沒享其祭。

〔九〕上敬下懽，存安沒享，人用和睦〔四〕，以致太平，則災害禍亂，無因而起。

〔一〇〕言明王以孝爲理，則諸侯以下化而行之〔五〕，故致如此福應。

〔一一〕覺，大也。義取天子有大德行，則四方之國順而行之。

〔一〕得所統之懽心　“懽”，開元本作“歡”。後仿此者皆不出校。

〔二〕則皆恭事助其祭享也　“享”，底本用“亯”字，二字異體，常作通用，以“享”字爲正。影宋岳氏本、阮刻本作“享”，據諸本改。後文“享”字作“亯”者，徑改不出校。

〔三〕則得小大之懽心　此句開元本作“則得小大人之歡心”。

〔四〕人用和睦　“用”，開元本作“由”。

〔五〕則諸侯以下化而行之　“侯”，開元本作“臣”。

聖治章第九

曾子曰："敢問聖人之德[一]，無以加於孝乎？"[一]

子曰："天地之性，人爲貴。[二]人之行莫大於孝，[三]孝莫大於嚴父，[四]嚴父莫大於配天，則周公其人也。[五]昔者，周公郊祀后稷以配天，[六]宗祀文王於明堂，以配上帝。[七]是以四海之内，各以其職來祭。[八]夫聖人之德，又何以加於孝乎？[九]故親生之膝下，以養父母日嚴。[一〇]聖人因嚴以教敬，因親以教愛。[一一]聖人之教，不肅而成，其政不嚴而治，[一二]其所因者，本也。"[一三]

[一] 參問明王孝理以致和平，又問聖人德教，叟有大於孝否[二]？

[二] 貴其異於万物也。

[三] 孝者，德之本也。

[四] 万物資始於乾，人倫資父爲天。故孝行之大，莫過尊嚴其父也。

[五] 謂父爲天，雖無貴賤，然以父配天之禮，始自周公，故曰其人也。

[六] 后稷，周之始祖也。郊，謂圜丘祀天也。周公攝政，因行郊天之祭，乃尊始祖以配之也。

[七] 明堂，天子布政之宫也。周公因祀五方上帝於明堂，乃尊文王以配之也。

〔一〕 敢問聖人之德　此句開元本作"敢問聖人德"。

〔二〕 叟有大於孝否　"否"，底本、阮刻本作"不"，二字異體，常作通用，以"否"字爲正。影宋岳氏本作"否"，據改。

〔八〕君行嚴配之禮，則德教刑於四海。海內諸侯各脩其職來助
　　祭也。

〔九〕言無大於孝者。

〔一〇〕親，猶愛也。膝下，謂孩幼之時也。言親愛之心，生於
　　　孩幼。比及年長，漸識義方，則日加尊嚴，能致敬於父
　　　母也。

〔一一〕聖人因其親嚴之心，敦以愛敬之教。故出以就傅，趨而過
　　　庭，以教敬也；抑搔癢痛，懸衾篋枕，以教愛也。

〔一二〕聖人順羣心以行愛敬，制禮則以施政教，亦不待嚴肅而成
　　　理也。

〔一三〕本，謂孝也。

　　“父子之道，天性也，君臣之義也。〔一〕父母生之，續
莫大焉。〔二〕君親臨之，厚莫重焉〔一〕。”〔三〕

　　〔一〕父子之道，天性之常〔二〕，加以尊嚴，又有君臣之義。

　　〔二〕父母生子，傳體相續。人倫之道，莫大於斯。

　　〔三〕謂父爲君，以臨於己，恩義之厚，莫重於斯。

　　“故不愛其親，而愛他人者，謂之悖德；不敬其親，而
敬他人者，謂之悖禮。〔一〕以順則逆，民無則焉。〔二〕不在
於善，而皆在於凶德。〔三〕雖得之〔三〕，君子不貴也。〔四〕君子

〔一〕厚莫重焉　“莫”，開元本作“無”。

〔二〕父子之道天性之常　此句開元本作“父子之道，自然孝慈，本於天性”。

〔三〕雖得之　此句開元本作“雖得志之”。

則不然，^{〔五〕}言思可道，行思可樂，^{〔六〕}德義可尊，作事可灋^{〔一〕}，^{〔七〕}容止可觀，進退可度，^{〔八〕}以臨其民，是以其民畏而愛之，則而象之。^{〔九〕}故能成其德教，而行其政令。^{〔一〇〕}《詩》云：'淑人君子，其儀不忒。'"^{〔一一〕}

〔一〕言盡愛敬之道，然後施教於人，違此則於德禮爲悖也。

〔二〕行教以順人心^{〔二〕}，今自逆之，則下無所法則也^{〔三〕}。

〔三〕善，謂身行愛敬也。凶，謂悖其德禮也。

〔四〕言悖其德禮，雖得志於人上，君子之不貴也^{〔四〕}。

〔五〕不悖德禮也。

〔六〕思可道而後言，人必信也；思可樂而後行，人必悦也。

〔七〕立德行義，不違道正，故可尊也；制作事業，動得物宜，故可法也^{〔五〕}。

〔八〕容止，威儀也，必合規矩，則可觀也。進退，動靜也，不越禮法，則可度也^{〔六〕}。

〔九〕君行六事，臨撫其人^{〔七〕}，則下畏其威，愛其德，皆放象於君也。

〔一〇〕上正身以率下，下順上而法之，則德教成，政令行也。

〔一一〕淑，善也。忒，差也。義取君子威儀不差，爲人法則。

〔一〕 作事可灋　"灋"，開成石經作"法"。

〔二〕 行教以順人心　"人"，開元本作"民"。

〔三〕 則下無所法則也　此句開元本作"則下無所法則之也"。

〔四〕 君子之不貴也　此句開元本作"君子不貴也"。

〔五〕 故可法也　此句開元本作"故可法之也"。

〔六〕 則可度也　此句開元本作"故可度也"。

〔七〕 臨撫其人　"撫"，開元本作"莅"，影宋岳氏本作"於"。

紀孝行章第十

　　子曰："孝子之事親也，居則致其敬，^[一]養則致其樂，^[二]病則致其憂，^[三]喪則致其哀，^[四]祭則致其嚴。^[五]五者備矣，然後能事親。^[六]事親者，居上不驕，^[七]爲下不亂，^[八]在醜不爭。^[九]居上而驕則亡，爲下而亂則刑^[一]，在醜而爭則兵。^[一〇]三者不除，雖日用三牲之養，猶爲不孝也。"^[一一]

　　[一]平居必盡其敬。

　　[二]就養能致其懽。

　　[三]色不滿容^[二]，行不正履。

　　[四]擗踊哭泣，盡其哀情。

　　[五]齋戒沐浴，明發不寐。

　　[六]五者闕一，則未爲能。

　　[七]當莊敬以臨下也^[三]。

　　[八]當恭謹以奉上也^[四]。

　　[九]醜，衆也。爭，競也。當和順以從衆也^[五]。

　　[一〇]謂以兵刃相加^[六]。

〔一〕爲下而亂則刑　"亂"，開元本作"乱"。

〔二〕色不滿容　"滿"，開元本作"溢"。

〔三〕當莊敬以臨下也　此句開元本無。

〔四〕當恭謹以奉上也　此句開元本無。

〔五〕當和順以從衆也　此句開元本無。

〔六〕謂以兵刃相加　此句開元本作"將爲兵刃所及也"。

〔一一〕三牲，太牢也。孝以不毀爲先，言上三事皆可亡身，而不
除之，雖日致太牢之養〔一〕，固非孝也。

〔一〕　而不除之雖日致太牢之養　此句開元本作“而不除雖之日致太牢之養”。

五刑章第十一

　　子曰："五刑之屬三千，而罪莫大於不孝。[一]要君者無上，[二]非聖人者無灋[一]，[三]非孝者無親，[四]此大亂之道也。"[五]

[一] 五刑，謂墨、劓、剕、宮、大辟也。條有三千，而罪之大者，莫過不孝。

[二] 君者，臣所稟命也[二]，而敢要之[三]，是無上也。

[三] 聖人制作禮法，而敢非之，是無法也[四]。

[四] 善事父母爲孝，而敢非之，是無親也。

[五] 言人有上三惡，豈唯不孝[五]，乃是大亂之道。

〔一〕 非聖人者無灋　"灋"，開成石經作"法"。此句開元本無。
〔二〕 臣所稟命也　此句開元本作"臣之所稟教命也"。"所"，影宋岳氏本、阮刻本作"之"。
〔三〕 而敢要之　"之"，開元本作"君"。
〔四〕 聖人制作……是無法也　此句開元本無。
〔五〕 豈唯不孝　"豈唯"，開元本作"皆爲"。

廣要道章第十二

子曰："教民親愛，莫善於孝。教民禮順，莫善於悌。[一]移風易俗，莫善於樂。[二]安上治民，莫善於禮。[三]禮者，敬而已矣。[四]故敬其父，則子悦；敬其兄，則弟悦；敬其君，則臣悦[一]；敬一人，而千萬人悦。[五]所敬者寡，而悦者衆。此之謂要道也。"

[一] 言教人親愛禮順[二]，無加於孝悌也。

[二] 風俗移易[三]，先入樂聲。變隨人心，正由君德。正之與變，因樂而彰，故曰莫善於樂。

[三] 禮所以正君臣、父子之別，明男女[四]、長幼之序，故可以安上化下也[五]。

[四] 敬者，禮之本也。

[五] 居上敬下，盡得懽心，故曰悦也[六]。

〔一〕 則臣悦　此條下開元本有注文："居上敬下，盡得懽心，故皆悦之。"
〔二〕 言教人親愛禮順　"人"，開元本作"民"。
〔三〕 風俗移易　此句開元本作"移風易俗"。
〔四〕 明男女　"明"，開元本作"期"。
〔五〕 故可以安上化下也　此句開元本作"故可以安上化下之也"。
〔六〕 居上……曰悦也　此句開元本作"一人，謂父、兄、君也；千萬人，謂子、弟、臣也"。

廣至德章第十三

子曰："君子之教以孝也，非家至而日見之也。^[一]教以孝，所以敬天下之爲人父者也。教以悌，所以敬天下之爲人兄者也。^[二]教以臣，所以敬天下之爲人君者也。^[三]《詩》云：'愷悌君子，民之父母。'^[四]非至德，其孰能順民如此其大者乎！"

[一] 言教不必家到戶至^{〔一〕}，日見而語之^{〔二〕}，但行孝於內，其化自流於外。

[二] 舉孝悌以爲教，則天下之爲人子弟者，無不敬其父兄也^{〔三〕}。

[三] 舉臣道以爲教，則天下之爲人臣者，無不敬其君也。

[四] 愷，樂也。悌，易也。義取君以樂易之道化人，則爲天下蒼生之父母也。

〔一〕 言教不必家到戶至 "家"，開元本作"門"。

〔二〕 日見而語之 "語"，開元本作"談"。

〔三〕 無不敬其父兄也 "敬"，開元本作"致"。

115

廣揚名章第十四

子曰："君子之事親孝，故忠可移於君；^[一]事兄悌，故順可移於長；^[二]居家理，故治可移於官。^[三]是以行成於內，而名立於後世矣。"^[四]

［一］以孝事君則忠。

［二］以敬事長則順。

［三］君子所居則化，故可移於官也。

［四］修上三德於內，名自傳於後代。

諫爭章第十五

　　曾子曰："若夫慈愛、恭敬、安親、揚名，則聞命矣。敢問子從父之令，可謂孝乎？"[一]

　　子曰："是何言與？是何言與？[二]昔者，天子有爭臣七人，雖無道，不失天下[一]。諸侯有爭臣五人，雖無道，不失其國。大夫有爭臣三人，雖無道，不失其家。[三]士有爭友，則身不離於令名。[四]父有爭子，則身不陷於不義。[五]故當不義，則子不可以不爭於父，臣不可以不爭於君。[六]故當不義則爭之。從父之令，又焉得爲孝乎！"

[一] 事父有隱無犯，又敬不違，故疑而問之[二]。

[二] 有非而從，成父不義，理所不可，故再言之。

[三] 降殺以兩，尊卑之差。爭，謂諫也。言雖無道[三]，爲有爭臣，則終不至失天下、亡家國也。

[四] 令，善也。益者三友。言受忠告[四]，故不失其善名。

[五] 父失則諫，故免陷於不義[五]。

[六] 不爭則非忠孝。

〔一〕 不失天下　影宋岳氏本、阮刻本"失"字下有"其"字。

〔二〕 故疑而問之　"之"，開元本作"也"。

〔三〕 言雖無道　此句開元本作"言上雖無道"。

〔四〕 言受忠告　"受"，開元本作"愛"。

〔五〕 故免陷於不義　此句開元本作"故免陷不義。"

應感章第十六

子曰:"昔者明王,事父孝,故事天明;事母孝,故事地察。^[一]長幼順,故上下治。^[二]天地明察,神明彰矣。^[三]故雖天子必有尊也,言有父也;必有先也,言有兄也。^[四]宗廟致敬,不忘親也。^[五]脩身慎行,恐辱先也。^[六]宗廟致敬,鬼神著矣。^[七]孝悌之至,通於神明,光于四海,無所不通。^[八]《詩》云:'自西自東,自南自北,無思不服。'"^[九]

[一] 王者,父事天,母事地,言能敬事宗廟,則事天地能明察也。

[二] 君能尊諸父、先諸兄,則長幼之道順,君人之化理^{〔一〕}。

[三] 事天地能明察,則神感至誠而降福佑,故曰彰也。

[四] 父謂諸父,兄謂諸兄,皆祖考之胤也。禮,君讌族人,與父兄齒也。

[五] 言能敬事宗廟,則不敢忘其親也。

[六] 天子雖無上於天下,猶脩持其身,謹慎其行^{〔二〕},恐辱先祖而毀盛業也。

[七] 事宗廟能盡敬,則祖考來格,享於克誠,故曰著也^{〔三〕}。

〔一〕 君能尊……君人之化理　此句開元本作"君能順於長幼,則下皆効上,无不理也"。
〔二〕 謹慎其行　此句開元本作"謹其行"。
〔三〕 故曰著也　"也",開元本作"矣"。

〔八〕能敬宗廟，順長幼，以極孝悌之心，則至性通於神明，光於

四海〔一〕，故曰無所不通〔二〕。

〔九〕義取德教流行，莫不服義從化也〔三〕。

〔一〕　光于四海　“光”，開元本作“充”。

〔二〕　故曰無所不通　此句末開元本多“之也”二字。後仿此者皆不出校。

〔三〕　莫不服義從化也　此句開元本作“莫不服義，義從化也”。

事君章第十七

　　子曰："君子之事上也，^[一]進思盡忠，^[二]退思補過，^[三]將順其美，^[四]匡救其惡，^[五]故上下能相親也。^[六]《詩》云：'心乎愛矣，遐不謂矣，中心藏之，何日忘之？'"^[七]

　　〔一〕上，謂君也^{〔一〕}。
　　〔二〕進見於君，則思盡忠節。
　　〔三〕君有過失，則思補益^{〔二〕}。
　　〔四〕將，行也。君有美善^{〔三〕}，則順而行之。
　　〔五〕匡，正也。救，止也。君有過惡，則正而止之^{〔四〕}。
　　〔六〕下以忠事上，上以義接下。君臣同德^{〔五〕}，故能相親。
　　〔七〕遐，遠也。義取臣心愛君，雖離左右，不謂爲遠。愛君之志，恒藏心中，無日蹔忘也^{〔六〕}。

〔一〕上謂君也　此句開元本無。
〔二〕君有過失則思補益　此句開元本作"退歸私室則思補身過也"。
〔三〕君有美善　此句開元本作"君有美"。
〔四〕君有過惡則正而止之　此句開元本作"君有過，則正而止也"。
〔五〕君臣同德　此句開元本無。
〔六〕無日蹔忘也　此句開元本作"無日蹔也。"

喪親章第十八

子曰："孝子之喪親也，^[一]哭不偯，^[二]禮無容，^[三]言不文，^[四]服美不安，^[五]聞樂不樂，^[六]食旨不甘，^[七]此哀慼之情也。^[八]三日而食，教民無以死傷生，毀不滅性，此聖人之政也。^[九]喪不過三年，示民有終也。^[一〇]爲之棺、椁、衣、衾而舉之^[一]；^[一一]陳其簠、簋而哀慼之；^[一二]擗踊哭泣^[二]，哀以送之；^[一三]卜其宅兆，而安措之；^[一四]爲之宗廟，以鬼享之；^[一五]春秋祭祀，以時思之。^[一六]生事愛敬，死事哀慼，生民之本盡矣，死生之義備矣^[三]，孝子之事親終矣。"^[一七]

〔一〕生事已畢，死事未見，故發此章^[四]。

〔二〕氣竭而息，聲不委曲。

〔三〕觸地無容。

〔四〕不爲文飾。

〔五〕不安美飾，故服縗麻^[五]。

〔六〕悲哀在心^[六]，故不樂也。

〔七〕旨，美也。不甘美味，故疏食水飲^[七]。

〔一〕爲之棺椁衣衾而舉之　"椁"，開元本作"槨"。後仿此者皆不出校。

〔二〕擗踊哭泣　"踊"，開成石經作"踴"。

〔三〕死生之義備矣　"義"，開元本作"儀"。

〔四〕故發此章　"章"，阮刻本作"事"。

〔五〕故服縗麻　"縗"，開元本作"縿"。

〔六〕悲哀在心　此句開元本作"志在悲哀"。

〔七〕故疏食水飲　此句開元本作"故去酸鹹也"。

121

〔八〕謂上六句。

〔九〕不食三日，哀毀過情，滅性而死，皆虧孝道〔一〕，故聖人制禮施教，不令至於殞滅〔二〕。

〔一〇〕三年之喪，天下達禮，使不肖企及〔三〕，賢者俯從。夫孝子有終身之憂，聖人以三年爲制者，使人知有終竟之限也〔四〕。

〔一一〕周尸爲棺，周棺爲椁。衣，謂斂衣〔五〕。衾，被也。舉，謂舉屍内於棺也。

〔一二〕簠、簋，祭器也。陳奠素器而不見親〔六〕，故哀感也。

〔一三〕男踊女擗，祖載送之。

〔一四〕宅，墓穴也。兆，塋域也。葬事大，故卜之。

〔一五〕立廟祔祖之後〔七〕，則以鬼禮享之。

〔一六〕寒暑變移，益用增感，以時祭祀，展其孝思也〔八〕。

〔一七〕愛敬哀戚，孝行之始終也。備陳死生之義，以盡孝子之情。

〔一〕　滅性而死皆虧孝道　此句開元本作“有致危弊，皆虧孝道”。

〔二〕　不令至於殞滅　“殞”，開元本作“隕”。

〔三〕　使不肖企及　此句開元本作“使不肖者企及”。

〔四〕　夫孝子有……終竟之限也　此句開元本作“雖以三年爲父其實廿五月”。

〔五〕　謂斂衣　“斂”，開元本作“殮”。

〔六〕　陳奠素器而不見親　此句開元本作“陳奠素器也而不見親”。

〔七〕　立廟祔祖之後　此句開元本作“立廟祔宗祖之後”。

〔八〕　展其孝思也　此句開元本作“展其孝思之也”。

圖書在版編目（CIP）數據

孝經注 /（西漢）孔安國傳；（東漢）鄭玄注；（唐）李隆
基注；陸一整理 . —北京：商務印書館，2023
（十三經漢魏古注叢書）
ISBN 978－7－100－21659－3

Ⅰ.①孝… Ⅱ.①孔… ②鄭… ③李… ④陸… Ⅲ.①家
庭道德—中國—古代 ②《孝經》—注釋 Ⅳ.① B823.1

中國版本圖書館 CIP 數據核字（2022）第 165563 號

封面題簽　陳建勝
特約審讀　李夢生

孝　經　注

（舊題）〔西漢〕孔安國　傳
（舊題）〔東漢〕鄭　玄　注
〔　唐　〕李隆基　注
陸　一　整理

商　務　印　書　館　出　版
（北京王府井大街 36 號　郵政編碼 100710）
商　務　印　書　館　發　行
蘇州市越洋印刷有限公司印刷
ISBN　978－7－100－21659－3

2023 年 3 月第 1 版　　　開本 890×1240　1/32
2023 年 3 月第 1 次印刷　　印張 4.375

定價：48.00 元